强者的智慧法则

刘建华　编著

中国出版集团　现代出版社

图书在版编目（CIP）数据

强者的智慧法则 / 刘建华编著 . -- 北京：现代出
版社 , 2019.10 （2025.1重印）

ISBN 978-7-5143-8263-1

Ⅰ.①强… Ⅱ.①刘… Ⅲ.①成功心理—通俗读物
Ⅳ.① B848.4-49

中国版本图书馆 CIP 数据核字（2019）第 249058 号

强者的智慧法则

编　　著	刘建华	
责任编辑	李　昂	
出版发行	现代出版社	
通讯地址	北京市安定门外安华里 504 号	
邮政编码	100011	
电　　话	010-64267325　64245264（传真）	
网　　址	www.1980xd.com	
电子邮箱	xiandai@vip.sina.com	
印　　刷	三河市嵩川印刷有限公司	
开　　本	880mm×1230mm　1/32	
印　　张	5	
版　　次	2020 年 7 月第 1 版　2025 年 1 月第 2 次印刷	
书　　号	ISBN 978-7-5143-8263-1	
定　　价	38.00 元	

前　言

很多人条件不错，也有才华，但终其一生，也无大成，凑凑合合，碌碌无为。

为什么？

不是他们不努力，也不是他们没机遇，更不是他们智商有问题。

而是因为，他们城府不足。

一个人，不管多聪明、多能干，父母能够给予多么丰厚的资源，如果不懂做人做事的智慧和韬略，是很难成大器的。

厉害的人之所以厉害，是因为他们比一般人多一点城府和韬略；成功的人之所以成功，是因为他们肯用心思考如何做人和做事。许多人无法出人头地，主要因为他们一辈子都不晓得在为人处世方面多用些心思，研究一些竞争的策略、制胜的逻辑，结果被淘汰出局。

想生存，就必须谙熟生存规则；想出众，就必须掌握出众的方法。

经验表明，做人毫无城府，难免会被暗箭所伤；做事不懂分寸，就很难打开局面。人生中的大多时刻，都是在竞争与较量，如果做人做事太过简单实在，凡事直来直去，让人一眼就看透，一下就摸到软肋，那一定会吃亏。

这虽然是一个公平的社会，但优胜劣汰的生存法则不会变，即便再和谐的社会，也必然存在竞争与博弈，甚至是明争暗斗。套路多了，什么人都有。学会在复杂的环境中保护自己，凡事思考再三，谋定后动，不成为别人的棋子，不落入别人的套路，才有资格去谈成功。

关于成功，有人说，性格决定命运；有人说，心态决定状态；还有人说，情商决定成败……凡此种种，其实用两个字就可以概括，就是我们一直强调的"城府"。你想达到预期目的，把事做得漂漂亮亮、圆圆满满，除了以诚待人、以理服人、用心做人之外，还要看清眼前的形势，拿捏别人的心思，关键时刻，还要善于借用外部力量，策划一些精准对策，才能将僵化的局面破解，将棘手的问题处理好。所以，做人有城府，是很有必要的。

城府，其实就是一门做人的学问，一种生存的智慧。

本书不是教你诈，也不是教你黑，它有别于心机和手腕，也不同于世故油滑。它只是告诉你，如何在防止别人伤害自己的同时，不断增强自己的竞争力，为自己创造成功的机会。

本书是指点你在为人处世的过程中，讲究方式方法，讲究变通与策略，灵活机智地应对世故与套路，学会和谐通达之道，把成功的方法和技巧运用得淋漓尽致，达到纵横捭阖的境界。

目　录

辑1　洞察

——在复杂的世界里，必须做个明白人

每个人的一言一行，不管有意还是无意，都会有所隐藏或暗示。想要洞察别人隐藏的心理，除了天资造就外，还需要刻意练习。一旦你将自己练成一个精准洞察者，就能对相互关系做出犀利观察，对行为动机进行透彻分析，对大众心理做出准确的判断，在这个复杂的世界里，你才能行走得安然无恙。

心中有数，看清别人眼中的自己

喜欢窥探别人的隐私，喜欢窥探别人的真实情况，几乎是每个人心中都有的阴暗角落。人们喜欢去打听明星八卦，更想要知道在别人身上都发生了什么，对自己亲近的人也是如此。你可能对你好友的感情生活了如指掌，你可能对竞争对手的心理状况与行事习惯了解得非常透彻。

但是，你真的了解你自己吗？而你又真正知道你在别人的眼里是什么样子的吗？

人其实最难了解的就是自己，这主要是因为每个人都知道，自己做事情绝大多数是出于自己的选择与决定，所以也就自然而然地认为自己是了解自己的。其实不然，我们最不了解的就是自己，因为我们从来就没有想要好好地去了解自己，更别说去了解别人眼中的自己。

构成一个人最根本的东西就是记忆，而我们对于自己的记忆恰恰是不那么可信的。人们对于自己的记忆总会产生偏差，这是本能作祟，人们在回忆关于自己的某件事情时，总是会情不自禁地对自己进行美化。

实际上，你对自己的印象远胜于在别人心中的印象。你对自己的印象，对自己的评价，对于你的社交生活、进步方向，没有什么指导意义。而别人眼中的自己，才是真正有用的，才是真正有意义的印象。我们想要改变自己，想要更好地认识世界，认识他人，那么首先要做的就是认识自己。

小黄是个很骄傲的人，从小他就是大人口中别人家的孩子，学习成绩优秀，认真上进，从来不给家里添麻烦。从小到大都是班级干部，大学也在学生会中担任重要职务。他自己也认为自己是个出色的人，是个没什么缺点的人。然而，这个认知却不是正确的，他并不知道别人眼中的自己究竟是什么样子。

大学毕业以后，他凭借着自己优异的成绩进入了一家大型培训机构。尽管他的父母一再告诉他，工作和学习并不一样，所以在学校的时候不管你有多优秀，到了工作的时候最开始也要只带耳朵不带嘴，多听别人说，多看别人怎么做，等到已经摸清了工作的情况，再开始发表自己的意见。

小黄显然不是这么想的，在工作没多久，他就认为这家培训机构虽然规模不小，但是弊病颇多，自己能够找出很多的问题来。他认为自己如此出色，并不需要那么长时间的积累，自己只是需要让领导看见自己的闪光点，很快就能提拔自己，摆脱底层职员的地位。于是，他将自己认为公司存在的弊病统统写了下来，直接递到了公司高层的桌子上。

他在脑海中幻想过无数次领导看了他的意见，惊为天人的样子，幻想着领导要如何安排自己、如何提拔一个资历如此之浅的年轻人的时候，他的顶头上司气急败坏地找到了他，然后将他洋洋洒洒地写了几千字的建言摔在了他的面前。他没想到自己写的东西是怎么落到自己上司手中的，随后又想，可能是自己太优秀，给上司带来了压力，所以上司才表现得如此气急败坏。

就在他满腔兴奋地期待上司给他带来一个好消息，甚至是自己已经顶替上司位置的消息时，上司告诉他说，领导问他为什么找了个傻子来。当然，上司的话已经是美化过的，领导的原话是：有病就让他去看病，没病请直接辞退。

于是，小黄被辞退了。当小黄在宿舍收拾东西的时候，还在想着，企业内部嫉贤妒能才是自己被辞退的原因，而不是自己做错了事情。

从那以后，他又连着换了几份工作，都因为类似的事情没有待多久就被辞退了。他就如同他的网名"小海鸥"一样，漂泊在各个公司之间，漂亮的简历是他的敲门砖，而看不清自己的那份自大又成了他被赶出公司的理由。几次以后，他终于学会了闭嘴，不再一进入公司就大谈公司的弊病与改革。他安慰自己，即便是天才也是要生活的，等他站稳了脚跟，爬上高一点的位置再提改革的事情必然就能得到赏识了。

果然，他闭上嘴以后，新公司的领导和同事对他的印象都好了起来，但没有人知道，他一直在等待机会，脱离公司的基层，当个小领导。

这个机会来得还挺快的，在他入职3个月以后，他就被排到培训机构的一个分校区当负责人，不过不是唯一的负责人，他要和另外一位比他早来半年的女同事竞争真正的领袖地位。每天他和女同事两人除了上课之外，还要负责宣传、招生等工作，小黄是7月份接手宣传和招生工作的，而8月份他们校区招生数量获得了剧增。这让小黄非常兴奋，他认为自己的才能正在逐渐地展露出来，拿下一个校区负责人的职位简直太简单了。

在会议上，领导会为每个校区的负责人下达每个月的指标任务，当领导来到小黄的校区下达任务的时候，小黄觉得领导简直是太不上进了。下达的任务指标居然连8月份的十分之一都不到，但是，这不正是一个展示自己的好机会吗？小黄马上跳起来对领导打包票，自己一定能够加倍完成任务，如果完不成，那么所在校区所有的教师都不要该月的奖金了。领导诧异地看了一眼小黄，答应了小黄的要求。

小黄心里乐开了花，和小黄竞争的女同事更开心，只有其他的几个同事很不开心。8月份是开学季，正是生源充足的时候。平时招生，能够有开学季的十分之一就算不错了。小黄应下了双倍的任务，简直是白白送掉了所有人的奖金。小黄则不这么想，他觉得8月份的招生能够如此顺利，完全是因为自己领导有方。而女同事呢，则对小黄自寻死路的行为非常满意。

果然，小黄没有完成双倍任务的承诺，甚至连直接领导下达的任务都没有完成，所有的同事都没了奖金。小黄不认为是自己的错，反而觉得是女同事从中作梗，和女同事处处唱起了反调。到他们两个的竞争得出结果的时候，毫无意外，女同事成为了校区的负责人。

小黄去找领导，询问自己不管是在教学能力上还是在勤奋上都比女同事要强，为什么最终校区的负责人不是自己。领导告诉他说，他私下询问了小黄所在校区的每个同事，谁适合当校区的负责人，小黄连一个支持者都没有。大家对小黄的评价都是"容易冲动""脑子一热就不管不顾""不擅长团结同事""缺少团队精神""没有领导才能"这样的评价。

小黄数次的失败原因是什么？无非就是没有认清自己，尤其是没有认清别人眼中的自己。他不是没有才能，却高估了自己的才能，他总是认为自己的出色是显而易见的，是能被所有人看到的，但其实他远远没有优秀到那个程度。

不管多么优秀的人，想要认清自己都是一件非常困难的事情，这不仅需要聪明的头脑，更需要丰富的经验和大量的多方验证。或许每个人都只看到了你的一面，包括你自己，当你将这些方方面面拼凑起来的时候，才能看清真正的自己。

有些人因为高看了自己，在人生的道路上不断地碰钉子，不断地失败。而还有些人低估了自己，始终不敢迎接更难的挑战，始终没有向上一步的机会。不管是低估自己还是高估自己，想要真正地看清自己，那就必须要看清别人眼中的自己。

分清伪朋友，结交真朋友

在家靠父母，出外靠朋友，这句话是人们长期总结下来的，你处在不同环境时能够互相依靠的人际关系。由此可见，朋友是非常重要的，特别是出门在外的时候，朋友的作用甚至比父母还要大。

但是，朋友的种类也是多种多样的，根据在不同场合、处于不同目的所结交的朋友，有些朋友是真的靠得住，是真正的朋友，而有些朋友则显得不那么靠得住，不仅不能在你遇到困难的时候帮助你，反而还会成为你人生当中的障碍与绊脚石。

如果我们将一段关系良好，并且对双方都有促进作用的友谊，称为真正的友谊时，那么与我们产生这种友谊的人就是我们的真朋友了。反之，如果这段友谊不仅对我们没有好处，反而还有很多坏处，那么产生这段友谊的人就是我们的伪朋友。真朋友即便是让我们不愉快、不舒服，但是出发点却是为了我们好。而伪朋友，虽然我们在一起的时候非常舒服、非常开心，但却总是让我们的人生偏离正确的轨道。

小娴要结婚了，3年的留学生涯让她和国内的朋友很少联系，回国以后，还算是不错的朋友只剩下梁佳和小敏。小娴觉得，梁佳是她最好的朋友了，不仅对她热情，一到晚上有聚会的时候，也总是第一个通知她。在结婚这件事情上，梁佳作为过来人，给了她很多的建议。包括如何和婆婆斗智斗勇，如何跟婆家多要些彩礼，如何管束住自己的丈夫。言语当中充斥着对自己婚姻的不满，说新买的别墅游泳池太小，新买的80多万元的保时捷又如何便宜。

不管是梁佳给出的建议还是对生活的抱怨，都让小娴觉得梁佳是个不错的人，起码对自己来说是尽心尽力、掏心掏肺的。

小娴的婚事并不顺利，虽然和男友之间的感情没有什么问题，但是在彩礼的数量上却起了争执。小娴一心想照着梁佳的说法多要一些，毕竟自己家的经济状况较好，嫁妆除了婚前买的房子外，还打算买一辆不错的车。结果，男友的母亲却表示，买了钻戒以后，剩下的钱根本没办法满足小娴说的彩礼的数量。结果彩礼的事情迟迟不能达成共识，婚期也一直定不下来。

好好的婚事，一时之间居然变成了麻烦事，小娴因为忙活结婚和工作的事情，本来就身心俱疲了，一时之间甚至生出了分手、这婚不结了的打算。当小娴跟梁佳说，自己不想结婚了的时候，梁佳马上表示支持，说早就觉得小娴的男朋友配不上她，人傻乎乎的不说，家里又穷，跟他结婚有什么好的。这么一说，小娴就觉得心里更难受了。

和梁佳分开以后，小娴又找了小敏，想要听听小敏怎么说。小敏听了小娴的描述以后，好奇地问她："你家里很缺钱吗？"小娴摇摇头。小敏又问她说："你家里为你买了房和车，都算是婚前财产吧？"小娴又点了点头。小敏问了最后一个问题："掏空他们家以后，如果他父母生病，或者有其他急用钱的地方，你会不给吗？"小娴赶紧摇了摇头。小敏不解地问她："那你为什么纠结彩礼没有达到你要求的事情呢？我们不谈用物质来衡量婚姻这件事情对不对，起码结婚这件事情从物质上你没有吃亏吧。他们家又没有占你们家的便宜，你有什么好纠结的呢？只要你们两个感情好，他们家也尽力了，就好了吧。"

小敏的话说服了小娴，于是她不再纠结彩礼的事情，很快就定下了婚期。结婚以后半年左右，男友家里生意的状况就得到了好转，又给小两口补上了一套新的婚房。小娴的婚后生活非常幸福，她一直庆幸自己当初没有听梁佳的话，而是选择了相信小敏。另外，在她买车的时候才知道，梁佳说的那辆80万元的保时捷，其实只卖60万元而已。

两个朋友给出的建议，是不能以结果如何来论对错的。在小娴的事情当中，之所以小敏是她更好的朋友，是真朋友，完全是因为小敏给出的建议是从正确的角度出发的，是从为朋友考虑的角度出发的。而梁佳所出的主意呢，可以用"唯恐天下不乱"来形容。

区分一个朋友是真还是伪，看似困难，其实则不然。伪朋友也可能终日跟你形影不离，也可能愿意为你付出。但是，真朋友和伪朋友在做事的时候出发点是不同的。真朋友即便是让你做出不开心的选择，也不代表他不是为了你好。而伪朋友呢，不管将你哄得多开心，最终的目的也是为了让他自己开心，不代表是为了你好。

　　例如，在酒桌上，真朋友会劝告那些晚上还要开车的人不要喝酒，即便是难得的相聚，也不能。虽然被劝阻的人会有些不快，但这实际上是为了日后能够更多地相聚。而伪朋友呢，则会告诉你少喝点，不要紧的，你的酒量大家都知道，少喝点不影响开车；更别说是难得的相聚，不喝酒大家都不开心。伪朋友告诉你少喝点不要紧的，不仅是为了你的心情，更是不想让你的心情影响了他的心情，至于你的安全，他可就没有那么在意了。

　　诸葛亮在《出师表》中说过，要亲贤臣，远小人。我们在生活当中也是如此，要认清什么样的朋友才是你真正的朋友，而什么样的朋友不是。哪些朋友能够在一起玩乐，哪些朋友能够进一步交往，变得更加亲密一些。伪朋友不是不能有，而真朋友自然是越多越好。

有些人说"为你好"，你听听就好

人的一生当中总是会有很多人无偿地为你着想，或许是你的父母、亲人，或者是你最好的朋友，或许是你的老师、上司，又或者只是你生命当中遇到的一个好心人。有这些为你着想的人，你的人生会变得更加顺利，才能避免遭遇一些不应该遭遇的麻烦。

但是，还有一些人也会做一些所谓"为你着想"的事情，他们的身份与那些真正为你着想的人的身份相差无几，有极高的重合度。不同的是，他们为你着想，只是嘴上说的漂亮话，而实际上却有着其他的目的。

说起当年发生的那件事，王敏至今心有余悸。

那天，王敏到银行取款，可没想到，打车回到公司后才发现，自己的包不知什么时候破了一个大洞，取的钱丢了一大半，王敏一数，足足19万！王敏吓坏了，赶紧冲到顶头上司林经理办公室，把这事一股脑儿告诉了林经理。

林经理为人和善，平时对王敏也很好，遇到这种事情，手足无措的王敏自然率先就想到了向他寻求帮助。

林经理听完这事后，沉默了半晌，才压低声音对王敏说："这件事千万别告诉其他人。"

　　王敏一听愣了："这是为什么呀？"

　　林经理瞪了王敏一眼，说道："你傻呀！虽然我清楚你是个认真又正直的人，绝对不会做对不起公司的事情，也不会在这种事情上撒谎。但其他人会怎么想呢？"

　　王敏默不作声，咬着嘴唇看着林经理，但脸上的表情似乎并不太赞同林经理的话。

　　林经理又继续说道："不是所有人都像我一样相信你的。你说这笔钱是你不小心遗失的，可有的人可能会认为，你是在侵吞公款，随便找个借口，把公家的钱塞自己腰包里。你想想看，要是到时候公司不相信你的说辞，怀疑你了，你还怎么在公司干下去？再说了，钱是你弄丢的，不管你愿不愿意报上去，这责任你肯定得担，损失你肯定得补吧？不报上去，偷偷把钱给补齐了，那这件事就没人知道，你依然还是前途无量；可要是报上去，钱你得补吧？怀疑你还得受吧？到时候，钱损失了是小事，前途没了，那可就是大事了呀！"

　　听着林经理一通情真意切的说辞，王敏越想越觉得有道理，但想到自己那点微薄的存款，王敏只能愁眉苦脸地叹息："经理，我觉得你说得很对，可19万也不是笔小数目哇，就算我想偷偷补上，也是有这个心没这个力……"

　　林经理一听，立马拍着胸脯保证："放心放心，这事我一定会帮你的！"

　　听了林经理的话，王敏准备拿出自己和父母的所有积蓄，再去网络平台贷一些高额借款，补足了这笔丢失的巨款。好在她的一位好友得知此事，及时阻止了她。

那位朋友提醒王敏，林经理嘴上说是为了你的前途着想，让你把丢钱的事情给隐瞒起来。但实际上呢，更多的还不是为他自己着想？他身为上司，丢失巨款的事情一旦闹出来，除了你要受到处罚之外，他必然也有责任。但倘若你不上报，所有的责任都将由你一个人来承担。

一番思考以后，王敏直接将事情上报公司，虽然受到了处罚，但毕竟无心之失，公司给她一定的时间来补上款项，而且也同意在她的工资里逐渐扣除部分款额。如果当初，他听了林经理的话，又会是什么下场呢？每每想到此，王敏都一身冷汗。

与人交往，还是得时时留个心眼呀！要学会客观地看待问题、分析问题，而不是听信别人的一面之词，被人牵着鼻子走。

有些时候这种别有用心的为了你好能够达成一种双赢的效果，而有些时候则只有一方能够满意。如果能够满意的人只有一方，那么这个人一定不是你，而是那个说是为了你好的人。

所以，当有人说让你做什么事情，或者是让你做什么投资，告诉你是为了你好的时候，你就一定要想清楚，这件事情是不是真对自己有好处，对方是不是别有用心。一个打着为了你好的旗号来利用你的人，造成的伤害要胜过10个当面锣、对面鼓的敌人。

洞察谎言，别让欺骗毁了我们

有人没说过谎吗？在这个世界上基本就不存在没说过谎的人。

绝大多数人在自己还年幼的时候，就因为某些情况而说出了自己的第一句谎话。

不管是学校还是家庭，都会教育我们要做一个诚实的人，要做一个不说谎的人。但是现实会告诉你，有些时候不说谎是会让人生变得更加艰难的。由此，我们可以断定，在这个世界上任何人都可能对你说谎。

人们说谎的时候，多半是为了达成自己的某种目的，如果谎言是对着我们说的，那么就意味着我们也是达成目的重要的一环，是要被利用的。不管你对被利用这件事情是甘之如饴还是非常抗拒，我们总归不能被蒙在鼓里。只有识破别人的谎言，才能够让自己掌握更多的主动权。只有洞察了别人的谎言，我们才能够不落入别人的陷阱，不被别人套路。

老刘今年刚过30，虽然人还没老，但是心却已经老了。他没有女朋友，也没有喜欢的女孩子，不喜欢玩游戏，也不喜欢年轻人的一些活动。每天最喜欢干的事情，就是泡上一杯茶，静静地坐在家里看电视。

他很少上网，不管是微信上还是QQ上，经常联络的都是公司的同事、以前的同学、家人等。他的生活在同龄人看来就如同一潭死水，无聊至极，但是老刘却不觉得，为什么要跟别人一样呢？自己过自己喜欢的生活不就好了？

就在老刘试图让自己的生活稳定地过下去的时候，一个女孩的出现打破了他生活的平静。这个女孩主动在微信上加了老刘，一开始也没有跟老刘说话。老刘还以为是哪个老同学，但总觉得年龄又对不上。反正加上了好一阵子，双方也没说什么。有一天，女孩突然发来一条信息："在吗？能聊聊吗？"老刘没有想过这是什么艳遇，但还是礼貌性地回了一句："在，你想要聊什么？"

对方也没和他说别的，只聊了一些自己大学快毕业了，在生活当中的一些麻烦事和对于未来的迷茫。老刘作为过来人，也帮女孩解答了一些困惑，说了一些自己的想法。一来二去，两人的关系拉近了不少。

从那以后，女孩隔三岔五就来找老刘聊聊，还不时给老刘发来一些自己的生活照。生活照非常真实，一点也没有做作的感觉。有女孩房间的布置，有今天做了什么，还有一些女孩的自拍。

几个月以后，女孩表示，自己要毕业了，不打算在本地找工作，可能会回老家先待一段时间。老家盛产黑曜石，因为老刘经常帮助她开解心结，她打算回家以后就送一串黑曜石手串给老刘做礼物。老刘不疑有他，就给了女孩自己的地址和电话号码。

在几天以后，老刘真的收到了女孩送的手串，老刘对女孩非常感谢，因为他从聊天当中得知，女孩的家庭并不富裕。两人算不上是熟人，不管是什么礼物，老刘已经非常感动了。

又过了一段时间，女孩告诉老刘说，自己的外公生病了，如今可能要靠自己继承家里的手艺。老刘好奇地问，女孩家里有什么手艺。女孩说，家里是炒茶叶的，外公是当地著名的制茶师傅，如今外公生病，只有靠自己来继承手艺了，希望自己学成以后，老刘能经常捧场。

老刘想着，大家都是朋友，对方都能送一串手串给自己，虽然不贵但一串市价也要四五十元，自己捧个场不算什么，于是就答应了下来。几天以后，女孩说自己已经学得差不多了，刚刚成功地炒制出了一批茶叶，会以成本价卖给老刘一些。老刘也没多想，就说要买几罐，对方发来价格的时候，老刘猛然一惊，这个价格居然是市价的两三倍。但是转念又一想，这是对方自己炒制的小罐茶，和流水线制作的茶叶肯定不一样。精品，贵一些也是正常的。

又过了几天，老刘收到了女孩的快递，几罐茶叶看起来和自己平时喝的没什么不同，喝起来也非常相似。他觉得自己可能是不够专业，喝不出这茶叶的好来，于是就邀请了几位朋友来自己家，一起品茶。当朋友到了他家以后，老刘忙着泡茶，几个朋友则坐在一起闲聊。其中一个朋友看见了老刘放在茶几上的黑曜石手串，就拿起来把玩了一下。

过了一会儿，朋友喊老刘："老刘，你茶几上放着一串大塑料珠子干什么？"

老刘端着茶壶从厨房走出来，笑骂说："什么塑料珠子，那是黑曜石的，一朋友送的。"

朋友又端详了一下说："什么黑曜石的，这就是一串大塑料珠子，你不是被人骗了吧。"

老刘不信，出来接过手串，对朋友讲述了他和女孩的事情。没想到，几个朋友居然异口同声地告诉老刘，他被人骗了。老刘和朋友们争得面红耳赤，他死都不信女孩骗了他，哪有人会花好几个月的时间去套路别人，就为了赚个几百块？

结果几个朋友纷纷掏出手机，拿出了自己微信，打开了其中和某个人的聊天记录。老刘这才发现，这几个朋友微信上都有一个上大学的女孩，最开始都是闲聊一些平日里会遇见的烦恼，都在聊了一段时间以后会发照片过来，更让老刘生气的是，照片上的都是一个人，和老刘收到的照片上的女孩一模一样。而几个朋友都是在问一些照片里的细节时，对方回答不上，就识破了这是套路，没有继续下去。只有实心眼儿的老刘，很少问对方的私人情况，才一直被套路到底，上了大当。

被人盯上，被人套路是一件非常正常的事情。在这个世界上，想要不劳而获，想要利用别人获得财富的人不在少数。而我们如果想要保护自己，那么就必须要有识破谎言的能力。

识破谎言这件事情很难吗？如果对方想要处心积虑地去套路你，识破谎言的确是一件非常困难的事情。但是，在设计套路的时候，是有成本存在的。的确有些特别庞大的骗局是难以识破的，这些骗局一旦成功，之前巨大的投入就能都收回本钱来。

我们在生活当中所遇到的套路，一般都不会设计得那么精巧、那么面面俱到。想要识破这些套路并不难，只要抓住细节去询问就好。

人们常说，当你说了一个谎言以后，就要用一百个谎言去圆。这句话并不假，例如，有人虚构了一个外公，那就必须要有外婆，要有父母，要设计他们工作的细节，要设计他们生活的细节，要设计每个人物的性格、爱好以及不同人物之间的互动。当你不能确认这句话是否是谎言的时候，只要询问这些细节，骗子在没有完全准备好的情况下势必会露馅儿。当然，这仅仅是针对整个套路当中一个环节的询问，其他可以询问的东西很多，想要让骗子哑口无言，露出马脚，是非常简单的事情。

凡事都怕较真，特别是一场骗局、一个谎言。只要你肯较真，那么就没什么东西能够骗得了你。凡是被骗的人，要么出自于贪婪，要么出自于轻信。贪婪会蒙蔽你的双眼，因为贪婪被骗的人，本身不是没有分辨能力的，只是因为贪婪而不愿意去相信这是个骗局而已。而那些轻信的人，则是因为缺少认真的精神，仓促地就相信了别人。只要肯较真，多问几个问题，那么就一定能够识破谎言，不再上当受骗。

想要活得明白，那就别怕麻烦

人的天性就是怕麻烦的，这一点毋庸置疑。人们因为想要让自己活得更轻松，发明了无数能够让生活中的麻烦事变得简单的东西，甚至可以说怕麻烦是人类进步的原动力之一。

如果你非常怕麻烦，又想要让自己生活得更好，那么你有两个选择：一个是别怕花钱，别问价格，用钱砸出舒服的生活。另一个就是让自己成为一个发明家，用自己聪明的智慧去解决你不喜欢的麻烦事。

想要实现这两个目标，都是很麻烦的。要么就玩命地赚钱，要么就花费大量的时间，做大量的麻烦事去解决一件件麻烦事。在这两个目标能够实现之前，想要让自己活得好一点，那么只能别怕麻烦。越是怕麻烦，你就活得越糊涂，越是让自己的生活受罪。

人们常说，如今是大数据的时代，每个人的喜好、需求，都能通过网络被总结归纳起来，然后被各大购物平台以推送广告的方式放到你的眼前。可见，数据究竟是多么重要。但是，在生活当中人们却很少重视数据，究其原因，无非就是怕麻烦。一旦较真起来，大量的数据和专有名词让人头大不已。但是，如果你不怕麻烦，弄清楚这些数据是非常有好处的。

　　张全是个怪人，他所有的同学都这么觉得。倒不是他有什么奇怪的爱好，或者是长相奇怪，而是他对于数据这方面的事情特别爱较真。高中的时候他读的是文科班，上大学又学了日语，但是他生活当中的一举一动，就如同是个工科的男生一样，处处都离不开数据。

　　在智能手机出现之前，别人买手机要看造型好不好看，功能够不够多，而他就已经开始关注手机的各项参数了，因此，他的手机总是用的时间比别人更长。不管是买相机，还是买电脑，他也都是将全部的心思都放在数据上，因此他也总是能够花更少的钱，买到更好的东西。

　　按照如今的说法，他的行为应该是叫选择性价比最高的那个。最让同学们惊叹的是张全学游泳的经历，在大学的游泳课上，他仅用了10分钟就学会了蛙泳。同学问他为什么学得这么快，他表示说，这也没什么大不了的，运用物理常识，找到如何能够让自己不沉下水的数据，尝试一下就能游泳了。

　　张全的家里并不算富裕，很早他就有了为日后做打算的想法。以后想要创业，那么他就必须要在大学里赚到第一桶金。有着这样想法的同学不在少数，有在宿舍卖零食的，有在宿舍卖方便面的，有在每个学期开始的时候卖电话卡的，还有些同学偷着在宿舍里卖烟酒。

　　张全经过周密的数据分析，觉得这些都不靠谱。不仅利润低，而且竞争对手太多。他另辟蹊径，在宿舍里卖起了安全套。学生总是比较保守的，不管是去情趣用品商店还是去超市买安全套，面对陌生人，害羞总是难以避免。甚至有些非常害羞的情侣，会用猜拳的方式决定谁去买，另一个人则在很远的地方等着，免得被人发现。

张全在宿舍里卖安全套，一下就解决了这种问题。来买安全套的都是同学，也都是男生，根本说不上什么好不好意思的。后来，他更是开办了送货上门服务。不管是在宿舍里的同学，还是在小旅店的同学，只要一个电话，他马上骑着自己的二手自行车带着安全套赶到。这个生意他整整做了两年，赚了5万多。

大学毕业以后，张全没有选择在大城市就业，而是回到了老家。张全手里有五万块可以作为他的启动资金，用来做生意是再好不过的了。唯一的问题是，究竟要用这5万块做什么生意。有人总结过，女人和小孩的钱是最好赚的，所以，他就将项目的选择打到了女人和小孩身上。

经过长达两个月的蹲守，他搜集了许多的数据。主要包括当地人的消费水平，以及对消费项目的选择。其实在他说要做生意的时候，已经有不少在老家的亲戚朋友向他推荐过项目，大家一致认为，近几年做灯具生意是最好的选择。但是，经过他的数据分析以后，发现灯具生意看起来红火，不过不管是利润还是销量，都远远不如看似不起眼的化妆品生意。

于是，他拿出手头所有的钱租下了一间不大的门脸，做起了化妆品生意。他选择的化妆品都是些普通的牌子，高档货一件没有，优势是品种繁多，特别是一些适合年轻女孩的品牌。他的选择非常正确，化妆品生意堪称火爆，没多久就扩大了门脸，还聘请了一个店员。

3年的时间，他手头又攒下了不少钱。女人的钱赚够了，他开始琢磨起另一个方向——小孩的钱。还是老办法，以收集数据为主。通过分析他明白了，小孩的钱并不好赚。小孩花钱的地方主要在于学业、玩具、医疗和饮食。玩具的路子走不通，当地各大学校附近早就充斥着各种规模的玩具店。饮食的话是勤行，他没那么多时间，而且利润并不高。医疗和学业更不用说了，那是他插不进手的地方。

虽然小孩的钱赚不到，但他却发现年轻人的钱很好赚。特别是开网吧和KTV，简直是日进斗金。虽然当地已经开了很多网吧，并且每几个月都有网吧倒闭，人们并不看好网吧生意，不过张全知道，数据不会骗人。那些倒闭的网吧，只是因为自己经营不善，或者是不重视数据，网吧的设备更新太慢而被淘汰。

网吧开起来以后，果然很赚钱。化妆品店的经营，已经完全交给别人，张全自己则全心全意地经营着网吧。他自己虽然也玩游戏，但是却远远不如网吧当中一些年轻人的热情。他经常看到有些人从早坐到晚，连饭都不吃。经常有人从早上来了以后，在网吧玩上五六个小时，直到下午两三点钟才叫肚子饿，吃过饭再回来玩。网吧虽然也卖一些方便面之类的方便食品，不过除了深夜外面饭店都关门了的时候，是没有人想要吃方便面的。下午两三点钟以后，就是一批人下机离开的时候，而到了晚上7点钟以后，才到网吧经营的另一个高峰期。

张全留了个心眼儿，他发现，在网吧吃过东西的人，往往可以一直待到晚上才走。而那些出去吃饭的人，说再回来却不会回来。于是，他找到了附近的几家饭店，与他们达成了合作协议。在网吧直接订餐，饭店就会派人送到网吧。这样，就解决了下午3点钟以后网吧冷清的问题。说句题外话，在外卖软件已经普及的现在，仍然有不少人选择在他的网吧订餐，毕竟没有配送费，也没有起送价。

张全在前年全款买了自己的第二辆车，是一辆奔驰。他不是同学里第一个买车的，却是第一个凭着自己赚的钱买奔驰的。如今的他或许有资格活得轻松且糊涂一点了，但是看他的样子，似乎打算继续活得麻烦又明白些。

难得糊涂，是一种心境。如果能够活得糊涂一些，自然能够省掉人生中的很多麻烦，活得更加轻松快意。但是活得明白，却是一种手段。只要你多明白一些，多做一些常人眼中的麻烦事，那么你所能收获的不仅是精打细算剩下的蝇头小利，还有可能是找到别人没看见的机会，挖到别人没发现的金矿。

所谓的轻松快意，有些时候是要用利润来换的，是要用真金白银来换的。而活得麻烦一些，却能让你换到真金白银。不同的人在这种选择上有不同的答案，而你的答案是什么呢？想要活得明白，可就别怕麻烦。

明白是非，认清谁才是为了你好

　　人是感情动物，拥有这个世界上其他生物难以企及的社交性。我们在一生当中接触的人很多，对我们所产生的影响也是难以预料的。其中最难分辨的就是谁是为你好，谁不是。

　　我们很容易产生错觉，和那些为我们好的人疏远，而去亲近那些敷衍我们的人。所以，想要在这个复杂的世界里认清谁是为你好，并不是一件容易的事情。

　　小孙是一名国企工人，他的父亲今年退休，而他正好进入了父亲所在的企业，这里面自然有父亲多方活动的结果。父亲在退休之前不过是个车间主任，而他，距离车间主任的位置还有很远的距离。

　　既然父子二人先后进入了同一家企业，自然就有不少经验可以传授了，甚至包括人际关系方面的。小孙的同事、上级，在过去也曾是父亲的同事，谁好谁坏，父亲当然比刚刚进入企业的小孙看得明白。

　　得到父亲叮嘱的小孙很快就开始怀疑父亲的判断，因为父亲平日里沉默寡言，不善于交朋友，未必就能准确地判断谁是可以来往的好人，例如，小孙所在车间的白主任。小孙一直以为国企的上下级关系是比较严格的，特别是在论资排辈这件事情上，刚刚进入车间的小孙是不折不扣的小字辈。所以他表现得非常低调，尽量让自己显得没那么有存在感。结果，白主任却非常关照他。

白主任一看到小孙，就热情地表示自己是他父亲的老朋友了，有什么困难尽管说。车间里工作比较劳累，所以很多不近人情的规矩，都可以想办法通融的。这些话让小孙觉得心里非常温暖，毕竟他才刚刚开始上班，有很多不懂的事情，如果一些触犯规则的事情能够通融，那就再好不过了。

小孙回家以后在酒桌上，将这件事情告诉了父亲，父亲端着酒杯说了一句："那你就见识见识他的通融是什么样的吧！"说完就将杯中的酒一饮而尽。父亲过去曾告诉过小孙，老白这个人，平素来往还算是个好人，但是少跟他在一起，那是个笑面虎。想起父亲过去的话，小孙觉得今天父亲的表现是下不来台了，于是也就没多说什么。

父亲重点说的另一个人是老黄，在提到老黄的时候，父亲破天荒地叮嘱小孙说，要对老黄好一点，多跟老黄来往是有好处的。而小孙本人却不这么觉得，倒不是说老黄这人有什么缺点，他觉得老黄有些针对他。平日里老黄总是在不断地挑小孙的毛病，这么做不对，那么做不对，这么操作不符合规矩，那么操作是违规的。小孙年轻气盛，有时候气不过和老黄顶撞几句，总是白主任过来打圆场。就这么一个人，偏偏父亲让他多亲近。

路遥知马力，日久见人心。老黄的事情没看明白，不过小孙倒是认可了父亲对白主任的评价。白主任平时的确是对车间工人格外宽容，车间有规定，不许在车间里吸烟，不许饮酒后操作机器，那些偷偷在车间外面吸烟的工人，白主任都会睁一只眼闭一只眼。午饭喝了酒的人，不影响行动的话，白主任也就当没有看见。这些看似对工人们非常宽容的做法，都是违反操作规定的，吸烟有可能会引起火灾，饮酒更是可能会在操作机器的时候发生事故。

小孙疑惑不解地问父亲："白主任为什么要这么做呢？车间如果出了事情，对他也没有什么好处哇！"父亲告诉小孙说："老白呀，明年也要退休了。他家里几年之前就开了一家小饭店，现在全靠厂里的人捧场，生意还不错。"

父亲这么一说，小孙就明白了。白主任马上就要退休了，管得太严得罪人，对家里的饭店生意不好。即便是出了什么事故，他一个马上要退休的人，责任也不大，更别说前途受不受影响之类的了。这么说，父亲的判断没问题。

小孙又开口问了一下那个他一直觉得在针对自己的老黄，父亲又说："老黄也快退休了，平日里谁的操作不规范，都靠他盯着。正是因为有老黄在，你们的白主任才敢纵容那些工人胡来。你是新来的，他又要退休了，不快点让你养成习惯，他走了以后谁盯着你？"

小孙这才发现，自己以前觉得车间的操作规范繁琐得不行，根本记不住。上班一段时间以后，为了避免老黄来找麻烦，他居然已经快形成一种本能了，什么时候该做什么，根本不用特意去想。

　　人总是会去亲近那些更加放任自己的人，道理很简单，就是因为他们让你生活得更舒服。可是舒服与变得更好往往是相悖的，很多时候你想要进步，想要变得更强，就要走出自己的舒适圈，就要去做那些不舒服的事情。

　　学习是枯燥乏味的，健身是辛苦的，学习规章制度更是让人心烦的。可是这些让你觉得不舒服的事情，却能够让你变得更好。同样，那些为你好的人，往往会让你觉得不舒服，即便是用最委婉的方式提出你做得不对，也不如根本不管你来得好。不过，这些人却是真正为了你好的。而那些让你觉得非常舒服的人呢？有些时候却不是为了你好。为了让你舒服，就纵容你，那么你不会获得提高，不会获得进步，他却能收获你更好的观感。

　　在这个世界上，我们重要的关系不仅有朋友、亲人，还有其他的人。我们的同事，我们的老师，都能够对我们产生非常巨大的影响。如果想要变得更好，那就要跟能让我们变得更好的人来往。那个能够让我们变得更好的人，不是那个能让我们过得舒服的人，而是能让我们进步的人。

　　虽然我们不排除有些人会用高要求来刁难你，但是也不能排除有些人对你要求高是为了让你变得更好，为了让你进步。那些对你的工作状况不满意，经常挑刺的人，也未必就是针对你，故意找你的麻烦。那些愿意无偿告诉你你做错了的人，都是为你好的人。

　　分得清谁对你好，谁对你不好，才能真正地叫活得明白。

辑2　分寸

——所谓情商高，就是一直很有分寸感

有些人，靠出身和机遇成功，但更多的人，则要靠情商。而所谓情商高，就是懂分寸、明场合、识好歹、知进退。事实上，我们的大多数烦恼都源于拿捏不好分寸。你可以没背景，但不能不懂分寸，因为不懂分寸，你寸步难行。

不论什么关系，有距离才更亲密

古人云："水至清则无鱼，人至察则无徒。"想要真正地了解一个人，自然是要与对方非常亲密，将对方的好坏都看得清清楚楚才可能。当你对每个人都已经至察了的时候，那么你就会发现，每个人的身上都有你所不能接受的问题，也就没有你愿意与其为伍的人了。所以，想要与人保持良好的人际关系，就要掌控好距离，要不远不近，恰如其分。

怎样的关系才恰如其分呢？

既能够保持彼此的关系，又能够保证彼此不受伤害，这才是保持人与人之间和谐关系的"秘诀"。

森林里下了第一场雪，冬天就这样悄悄降临了。

早在天气变冷之前，许多鸟就已经成群结队地飞去了温暖的南方，它们会在那儿度过冬天，待开春时再归来。就连有着毛茸茸、暖烘烘的大尾巴的松鼠们也都早早躲进树洞，不肯出来了。

不远处的山洞里有几只豪猪，它们被寒冷的天气冻得瑟瑟发抖，为了取暖，它们慢慢聚拢在一起。可是，它们不像兔子和松鼠那般柔软，它们的身上长着的可是又长又坚硬的刺呀！只要它们一接近彼此，这些长刺就会不自觉地张开，将对方扎得直叫唤。所以，每当它们一不小心靠得太近时，便又会因为忍受不了刺痛而迅速远离对方。

可是天气真的太冷了呀，为了获取一点点的温暖，豪猪们只能一遍遍地尝试着靠近对方。就这样，在一次又一次的聚拢和分离中，在一次又一次的受冻与刺痛中，豪猪们在多次的尝试后，终于找到了一个最好的距离。它们和彼此离得不远也不近，恰如其分的距离让它们能够相互温暖对方，但却又不至于被对方身上的长刺所刺伤。

就这样，豪猪们终于安然度过了这个寒冷的冬天。

其实，人与人之间的相处就如同豪猪之间的距离一样，无论是过分的亲密还是冷硬的疏离，都不是最好的相处之道。靠得太近容易伤害彼此，离得太远又无法得到温暖，只有找到那个最恰当的距离，不远不近，既能避免伤害，又能温暖彼此，那才真是最好的。

小雨是个很单纯的女孩，她一直认为，想要和谁交好，最重要的就是真诚。有一颗真诚的心，到哪里都能交到好朋友。小雨的想法没错，但是效果有些时候却不是那么好，你的真心未必能换来对方的真心，更有些时候走得太近反而会影响两个人的关系。

刚刚上大学的时候，小雨和刘璐两个人因为来自同一个地方，有着很多的共同语言，所以很快就走得很近了。两个人终日形影不离，不管是吃饭、洗澡，还是逛街，都保持着同样的步调。小雨觉得，两个人的友谊肯定能超过大学四年，肯定能够越来越好。但是，这种美好的想法甚至没有保持过一个月。

两个人在外地上学，最开始的时候吃饭都选择当地的饮食，因为这对她们两个来说是一件非常新鲜的事情。半个月以后，刘璐觉得有些想念家乡的味道了，于是就和小雨一起去吃了麻辣香锅。

隔天，刘璐又跟小雨说，她想吃水煮鱼，小雨又陪刘璐去吃了水煮鱼。后来，小雨说要吃台式小火锅，刘璐表示台式火锅不辣，没意思，又拉着小雨去吃了重庆火锅。

再后来，小雨说什么也不吃辣了，当她把这件事情告诉刘璐以后，刘璐惊讶地看着她说："什么？你居然说你不想吃辣？"小雨点点头，因为她有胃病，在家乡的时候就尽量选择不辣的东西吃。这几天下来，小雨觉得自己的肠胃有些撑不住了。

从刘璐知道她有胃病开始，就试着迁就小雨的胃口，可惜这种矛盾终究是难以调和的。一段时间以后，两人大吵一架，因为刘璐经常拿这件事情嘲讽小雨，身为一个四川人，你居然不能吃辣，你怕不是个假的四川人。一开始小雨还满怀歉意，次数多了以后她就试图让刘璐不要再说了，最终二人不欢而散。

虽然这件事情小雨自认没错，不过她还是失去了一个朋友。不过从这件事情她知道了，即便是朋友，也不要所有的小事都在一起做，比如吃饭。众口难调，即便是互相迁就，也总有受不了的一天。

小霞是小雨在大学生涯中第二个关系被破坏掉了的朋友，两人最开始成为朋友的原因是相似的性格。两人都比较温和，不强势，但是都有自己坚持的信念，也能都体谅彼此之间的不一样。

比较不同的是，小雨并不是很喜欢和陌生人来往，和小霞则相反。小霞不仅喜欢和陌生人来往，更是在来往的时候抱着一种功利的心态，希望对方将来能够成为自己用得上的人脉。

一天下午，小霞临时取消了和小雨一起逛街的约定，说自己临时有一场聚会，大家要去KTV唱歌。小雨被取消了约会，一个人也是无聊，于是就表示说，虽然自己不会唱歌，但是可以陪小霞一起去。小霞问了一下小雨，说去的人都是她不认识的人，能行吗？小雨则表示，没事，咱俩是朋友，你的朋友应该跟我也能处得来。

结果事情的发展和小雨想得并不一样，KTV喧闹的气氛，小霞那些不停推杯换盏的朋友，都不是小雨能够接触得来的。有几个小霞的朋友想要向小雨示好，说一起喝一杯，没想到不仅不能缓解小雨的压力，反而把小雨吓坏了。没一会儿，KTV包间里的气氛就压抑了起来。毕竟角落里坐着一个不唱歌、不喝酒，也不和大家交流的瑟瑟发抖的姑娘，任谁都开心不起来。

小霞和朋友们不欢而散，回去的路上不停地数落小雨，说她破坏了气氛，早知道就不让她来了。从那以后，她就很少和小霞一起行动了。这件事情教会了小雨，朋友的朋友未必就能和你交朋友，还是有一点距离好。

人与人之间的交往就是如此，世界上没有两个完全相同的人。想要百分百地合拍，是绝对不可能的事情。即便是夫妻，双方很多共同的习惯也是慢慢养成的，也是在双方不停互相迁就的基础上形成的结果。朋友之间如果感情够深，那么可以互相包容，互相迁就。但有些事情往往会发生在感情还没那么深的时候，这种情况下如果贸然地想要更进一步，只能发生冲突和对立。

我们在与人交往的时候，还是要看准对方与自己不同的地方，能互相迁就最好，不能的话，就在这方面保持距离。例如你的朋友认识的其他人是你不喜欢的，你没必要强迫自己去喜欢，更没必要强行进入对方的圈子，保持点距离，避免尴尬地出现是最好的结果。双方爱吃的东西不同，那么也没必要每天都在一起吃饭，毕竟吃饭虽然是一件重要的事情，但是所花费的时间在人生的比例也不是很多。双方在某些观点如果不能达成一致，那就更不要强求了。以后出现容易引起争吵的事情，不告诉对方就好。即便是死党，也没必要知道对方的每一件事情。

有些时候，稍微保持一点距离，能够让你和朋友们相处得更加愉快。毫无距离地在一起，反而会刺伤彼此。

凡事量力而行，逞强只会让自己很受伤

人最宝贵的东西是什么？每个人都有不同的答案。有些人觉得是感情、是家庭、是朋友。有些觉得是金钱、是权力、是地位。还有一些人，他们最看重的东西是尊严、是自信、是别人的认可。如果要说人们为什么会有不同的要求，为什么会产生不同的想法，那么我们可以长篇大论很久，这显然是不必要的。毋庸置疑的是，很多人将自己的尊严看得比生命更加重要。自古以来就有很多"君子"，或者"圣人"，为了尊严，不惜牺牲自己的生命。

现代社会远远没有那么多让人为了尊严放弃生命的事情，但是为了维护自己的尊严、为了让自己有面子而选择逞强的人很多。逞强是坏事吗？绝对是。有些人觉得逞强的人更加拥有冒险精神，更勇于挑战那些不可能的事情。有勇气是好事，勇于挑战自我更是一个人不断前进的原动力，但是凡事都要有个度。适当地挑战自我能够让我们变得越来越好，而过度地挑战自我，那就是逞强了。

小秦是个从小就爱逞强的人，他对自己的要求很高，不仅告诉自己一定不能比别人差，更是将能够超越身边的所有人当成自己的目标。在他还小的时候，和几个淘气的小朋友去一栋烂尾楼里玩。烂尾楼上面是非常危险的，二楼上的楼板都没有铺好，一根根横梁中间有不小的缝隙，他们就在上面跳来跳去。

　　跳了一会儿，前面所有人都停住了脚步，因为有两段横梁之间离得比刚才更远，可不是之前那种一下就能跳过去的距离。所有人都不敢跳，小秦却站到了前面，跃跃欲试。所有人都劝说小秦不要跳，但是他非要逞强。结果一个不小心掉了下去，摔得头破血流。

　　作为一个爱逞强的人，小秦是不会吸取教训的，他洋洋自得地告诉别人，虽然没成功，但是起码自己敢于尝试，也知道了自己的极限在哪里。虽然小秦不断地逞强，却还是无惊无险地长大了。第一次让他吃亏的逞强，发生在他上大学的时候。

　　小秦大学学的是软件专业，电脑是他生活中重要的伙伴之一。不管是工作还是娱乐，他都离不开电脑。小秦还是很聪明的，在他买了电脑的第一天，就能摸索着自己安装系统了。一段时间以后，他就成了班级里的电脑通，不管谁的电脑出了故障，他都能帮着看看，检测问题。

　　四年的时间很快就过去了，临近毕业，小秦已经找好了实习的公司，工作的时间远远多于在学校的时间。他最好的伙伴——电脑——也被冷落了。一直到毕业答辩的那天，小秦才打开电脑，准备重温一下自己的论文，毕竟因为工作的原因，早就把论文写过什么忘得七七八八了。

　　小秦满怀惆怅地打开了电脑，想着答辩过去，下一次来学校就是彻底告别大学的时候。他惆怅的时候，电脑上出现的不是熟悉的开机画面，而是不祥的蓝屏。电脑出故障了，还好现在是早上，毕业答辩要到下午才开始。小秦开始熟练地重温电脑维修，结果忙到快中午，电脑也没有修好。

小秦宿舍的同学都劝他说，别自己忙活了，趁现在时间还够，坐车去电脑城先把论文拷出来，好歹也能准备好答辩的内容。小秦逞强的劲头又上来了，大手一挥，表示这点小事还难得倒我，这么多年咱们班级谁的电脑弄不好不是我修的。放心，我肯定能行。

结果可想而知，小秦一直修到距离答辩开始还有15分钟也没有修好。一辩没有成绩，一直到二辩的时候才勉强通过，差点就要重读一年。

大学毕业的当天，宿舍里的几个同学都颇为不舍。毕竟这一分开，天南海北，各自都要忙碌自己的生活。下次再能齐齐地相聚，又不知道是什么时候了。于是，每个大学宿舍几乎在毕业时候都会举行的保留节目开始了，那就是吃散伙饭。

就在大家商量去哪儿吃的时候，一个名叫熊健的同学来问了宿舍长小秦，他在本校读大三的女朋友也想来，行不行。小秦当然不会拒绝，毕竟在饭桌上多一个女孩，气氛也会好上不少。而且，小秦暗恋熊健女朋友的闺密很久了，他还特意叮嘱熊健，让熊健的女朋友把她闺密也带来。

为了给暗恋的女孩一个好印象，小秦穿上了自己最帅的衣服，准备好了很多逗对方开心的笑话和交谈的话题。但饭局一开始，这些就都用不上了。毕业这种时候，想要不喝酒是不可能的。小秦自负酒量过人，于是就转着圈地和大家拼起酒来。

　　第二天早上，小秦醒来的时候已经是在宿舍的床上了，他脑海中上一个画面还是自己端起一杯金六福，一饮而尽。强忍着头疼，他看了一眼自己挂在床边的衣服和放在床下的鞋子，上面沾满了呕吐物。在微信群里，他得知了自己昨晚的惨状。不仅抱着自己暗恋的女孩说了好多胡话，还直直地坐着吐了自己一身。小秦后悔莫及，本来还想趁着这次机会要对方的联系方式，现在自己还哪有这个脸。

　　小秦因为毕业那天的事情，逞强的性格收敛了不少。在工作的一年里，他兢兢业业，脚踏实地，成了一名合格的程序员。虽然宿舍里的其他同学天各一方，也进入了不同的公司，但是所从事的行业都差不多，大家平日里的联系也不少。不过从毕业以后的成长来看，小秦无疑是最快的。

　　这一天，熊健在微信群里发了一条信息，问有没有人想要赚外快。这种好事谁肯错过？于是所有人都踊跃地表示自己有兴趣。结果熊健一说是什么事情，大家就都没了兴趣。原来，熊健所在的软件公司是一家与日本合作的外包公司，眼看就要交付任务了，但工作却还没完成。于是，决定由熊健找几个人负责一部分的内容。

　　程序员平时的工作已经够忙了，如果有别的赚外快的机会还有兴趣，如果还是写代码的话，工作已经996了，哪里还有时间呢？熊健在群里感叹了一句："还是水平不够哇，我们公司的这些项目，简单得不行。要是有水平的话，这点工作一天抽出两个小时也能完成了。"

别的话小秦没有注意到，"不行"两个字他可是看得清清楚楚。在上学的时候他就是宿舍里成绩最好的，毕业以后又自认为是成长最快的，如今听到从熊健口中说出不行，哪还能忍。他马上跳出来说："水平够的话一天两个小时就行？那我倒是能抽出点时间来。"

熊健一看说话的是小秦，马上就犹豫了。他小心翼翼地问："秦哥，你真的行啊？我这边可是要得紧，要是完不成，日方那边要扣钱的。我这才干了一年，要是出事我可就要引咎辞职了。你别逞强，不行就不行。我要因为这事丢了工作，咱们朋友就没得做了。"又是两个不行，小秦逞强的劲头马上就上来了，一口应承了下来。

接下熊健的工作以后，小秦真真是忙了个顾头不顾腚。熊健说一天两个小时就能完成，他可是要做三四个小时才行。工作时间已经是996了，偶尔还要加班，几乎每天小秦都要工作到深夜才能勉强赶上两边的进度。

随着熬夜的时间越来越长，熬夜的日子越来越多，小秦有点撑不住了，工作效率也越来越差。最终，当熊健那边到期的时候，他还没能完成。结果可想而知，熊健真的说到做到，与他绝交了。其他的几个同学虽然平日也能和他说说笑笑，但是却从来没有过说笑之外的任何来往。一次，他无意从别的同学口中听到了他们宿舍其他同学对他的评价：说话不靠谱，办事靠不住。

自尊固然重要，但是你能否维护你的自尊心，是要用事实说话的。如果能力不够，还非要逞强的话，那么最终呈现在别人眼前的并不是一个强大的人，而是一个外强中干、嘴巴比本事厉害的人。而在逞强的时候做出的事情，也不会得到一个好结果，最终只能以自己出丑结尾。人需要自强，需要自信，但是却不能逞强，不能盲目自信。认清自己能做什么不能做什么，才能让自己不断前进。而没学会走就开始跑，甚至还想飞，那么只能如飞向太阳的伊卡洛斯一样摔在地上。

与人交往中，千万别忽略脸面问题

鲁迅先生说："面子是中国精神的纲领。"好面子，是很多人的通病，连面子都不顾的人，通常会被大家讽刺为"不要脸"。

所以，有深度的人早就警告世人，"打人不打脸，骂人别揭短"。你想与别人友谊天长地久，就要处处照顾他的感受，尤其是要给足面子。面子对一个人来说，甚至不是一种软需求，而是一种硬需求。虽然现在早已不是那个不吃嗟来之食的迂腐时代，但即便是在街上乞讨的人，也不愿意抛弃自己的面子。

有人说，面子还不是要明码标价的，只要开的价格足够高，丢面子算什么。话虽如此，但你在不给人留面子的时候，给人家开出合适的价格了吗？仗着自己能开价的时候驳别人的面子，将来人家不需要你的时候，驳你的面子不也是理所应当的吗？说出这样话的人，有什么资格在失势的时候感叹人心不古、世态炎凉呢？

言语中给人留面子，就相当于给自己留面子。世界上没有全知全能的人，当你一定要驳别人面子的时候，有没有想过是自己出了问题，到头来反被人打脸呢？网络时代的确开拓了人们的眼界，但在互联网给予的大量信息中真假难辨。如果你得到的信息是假的，又热衷于落人的面子，早晚会被人打脸。如果你能够凡事有分寸，能够给别人留面子，自己肯定不会丢了面子。"与人方便，自己方便"就是这个道理。

有一位文化界学者，每年都会被某一专业领域的杂志社共同邀请，参加杂志年终评鉴工作。这份工作虽然没有多少报酬，但胜在知名度高，是一项难得的荣誉，对树立个人品牌形象大有好处。很多人贴钱想参加都进不去，也有人只参加一次，就再也没有机会了。

有人问他为什么能够年年被邀请，他始终笑而不语，直到退休那年，不再参加评选工作，才讲出了其中的秘诀。

他说，比他专业能力强的人很多，比他职位高的人更不少，他之所以能够年年得到大家的青睐，是因为晓得给别人面子。他说，在公开的评审会议上，他一定会把握一个原则：多称赞、多鼓励、少批评。会议结束后，他会私底下单独找杂志编辑聊天，婉转地指出他们编辑上存在的不足。虽说杂志名次总有先后，但如此一来，每个人都不尴尬。就是因为他总能保全别人的面子，承办该项业务的人员和杂志编辑，对他都很友好、尊敬，当然每年都找他当评审。

中国人就是这样好面子，你给别人面子，别人就给你面子；你让别人尴尬没面子，小事可以翻脸，大则闹出人命。如果你只顾及自己的面子，不顾别人的面子，一定不会受欢迎；如果你处处使人难堪，肯定有一天要你好看。

三国祢衡，才高八斗，聪明是聪明，就是城府太浅，情商不够。

曹操召他，他端起架子自称狂病，不肯前往，且多有狂言。曹操派人再召，并决定给祢衡个下马威，故意不给祢衡设座。祢衡一下子狂气勃发，仰天大喊："这天地之间，怎么就没有一个人呢！"这话明显是冲着所有人去的，在场的诸位有一个算一个，谁听见了，就算骂到你了。

曹操生气归生气，还是决定以理服人，就说："我帐下文武无数，皆是当世英雄，何谓无人？"

祢衡轻蔑一哼，"就他们？荀攸只配看守坟墓，程昱守大门倒不错，郭嘉能念念诗词，张辽可以用来打鼓，许褚适合放牛，徐晃可用来杀狗，等等。"这下子，曹操帐下的人都想一刀剁了他，张辽拔出了刀，曹操更是恨得牙根直痒痒。但因为祢衡的才气和名声，曹操不能杀他，否则会落下个不能容才的坏名声，最后强行把他送到刘表那里去了。

刘表一开始把他奉为上宾，让他掌管文书，十分信任他。但祢衡就是改不了目空一切的毛病，说起话来夹枪带棒。刘表本来就气量狭小，自然不能容忍祢衡这般放肆和无礼。但他也有城府，知道曹操是想借刀杀人，他才不担这个恶名，于是又把祢衡打发到江夏太守黄祖那里去了。黄祖是个大老粗，性子急躁，刘表是想效仿曹操借刀杀人。

祢衡初到江夏，黄祖对他也很优待，然而他又故态复萌。一次宴会上，他说黄祖是一个木偶，让黄祖在众宾客面前非常没面子，于是骂他两句。他疯劲上来了，大骂黄祖是个"死老头儿"。黄祖生气，要打他，祢衡更是大骂，黄祖气愤到极点，就下令杀祢衡。

消息传到许昌，可把曹操乐坏了，说："让你毒舌，自找死路，该！"

做人做事，如果不懂得给人面子，处处使人尴尬，理解你的人知道你没有恶意，大不了骂你句"白痴"；不理解你的人，就会觉得你"不上道"，甚至是在"搞事情"。你不给别人留余地，最终自己也会没有余地可走。

讲话要有分寸，讲究尺度。每个人都有自己的雷区，一两次还好，如果总是落别人的面子，一旦触及他人雷区，就别怪别人不给你面子了。

按住自己的底牌，不要轻易亮出来

底牌这个词来自扑克游戏，指的是扑克游戏中最后亮出的一张牌。这一张牌往往是牌手最大的倚仗，也是决定胜负的关键。如今，人们所说的底牌，多数是指自己最后一决胜负的能力、倚仗或是其他东西。既然这个东西有决定胜负的作用，就不该轻易地亮出来，让所有人都知道。否则，你能做多少事情，有多大能力，就会被你的对手完全算尽，并且找出应对你的方法。我们说要真心实意地待人，不代表我们要全无保留地将自己的一切展现在别人面前。按住自己的底牌，不要轻易地亮出来。

小朱最近心情不错，他进入一所中学当老师已经快十年了。说得好听是老师，如果直指本质，他只能算是打杂的。平日里的工作，就是为其他教师准备教学工具，最能体现他能力的地方，也就是帮忙复印试卷。

小朱不喜欢这份工作，但又有什么办法呢？上学的时候，他没有好好读书，浪费了大把光阴，这份工作还是家里托人才找到的。

不过最近，他有时来运转的迹象。学校里的超市承包期到了，要开始新一轮的招标。小朱这些年来省吃俭用，也算是有一些积蓄，家里也愿意给一点支持，应该能够凑到30万元。如果能够承包学校的超市，绝对是稳赚不赔。

　　人逢喜事精神爽，叫上些朋友喝一杯是难免的。几杯酒下肚，小朱表现得比平时活跃多了。他从小就认识的朋友张林问他："小朱，你是捡到钱了还是怎么着，这活泼得不像你呀！"小朱兴高采烈地说："都请你们吃饭了，肯定是有好事。告诉你，我们学校那个超市要招标，我跟家里凑了点钱，打算去竞标。我本来就是学校教师，内部人士多少还能有些便利，所以能竞标成功的可能性很大。"

　　张林戏谑地说："先不说别的，你这个老师当的可是连教生理健康的都不如，你能有啥内部便利？"

　　小朱皱皱眉，对于张林的不屑，他有点不高兴。为了给自己正名，他说："起码这超市去年赚了多少钱我能知道吧，学校方面大概的底限我也能打听到。幸好我是个校工，不是什么正经教师。要真的是有编制的教师，还不能参与呢？这简直就是天上掉馅儿饼，就看我能不能接住了。"

　　张林一听，天上掉馅儿饼，还有这么好的事？他赶紧说："学校超市一年能赚多少钱？看你这意思，还是块肥肉？"

　　小朱看见张林有了兴趣，拿腔作调地说："学校只要你按照和约办事，不管你赚多少钱，事后不会过问。在学校里，对于超市能赚多少钱这件事，了解的人还真不多，毕竟跟他们没什么关系。也就是我，经常打听，才从超市老板嘴里套出来的。"

　　张林马上接过话："他要是知道你不是正经教师，也能竞标，你看看他告诉你不……"

小朱正在兴头上，也没理他话里带刺，接着说："那老板说超市去年一年赚了40多万。我觉得他经营水平不行，如果换成我，起码能赚45万。就算我估计错了，一年40万怎么也有了。"

张林一惊，对小朱说："40万一年，顶你过去干十年了。"

小朱用看傻子一样的眼神看着张林说："承包不用花钱吗？扣掉成本，一年差不多净赚10万。我努努力，也许能赚到15万呢！"

张林眼珠一转，说："岂不是说，校方招标的心理价位差不多是30万？"

小朱这才发现自己说漏了嘴，马上对张林说："你可别说出去，这可是我好不容易托人打听到的。"

张林拍拍小朱的肩膀说："放心，我还能跟你抢不成？不过，校方的心理价位是30万，你准备了多少？"

小朱压低声音说："就30万，这还是把能借到的都借了才凑够的，幸好之前承包超市那老板的嘴严得很，不然抢超市的人就多了。"

虽然小朱千叮咛万嘱咐地告诉张林不要把今天两人说的话告诉别人，但张林却没能为他保守秘密。当天晚上，张林就将这件事情当成闲聊的内容告诉了妻子，妻子怎么能算外人呢？第二天，张林的妻子来到和闺密开的早餐店，又将这件事情告诉了闺密。

揭晓结果的当天，小朱毫无疑问地落败了。竞标成功的人，是张林妻子闺密的表弟，投标价格只超过小朱两万元。

底牌就是底牌，除非是和你共同作战的战友，同样依赖这张底牌的人，否则你不该让任何人知道。不管对方和你有多亲密，只要不是跟你有千丝万缕的利益关系，当你把底牌告诉他的时候，他难免会将它告诉给他认为同样亲密的人。

你告诉别人底牌的时候，或许觉得他是无害的，和你没有冲突。但他将你的底牌告诉给他同样认为没有危害的人，最终形成一场接力。最终，你的底牌曝光在竞争对手面前。

底牌永远只能让用到它的人知道，不到最后一刻，一定要牢牢按住。你永远不知道，谁会泄露你的底牌，别人又会想出怎样的手段对付你。

如果不小心曝光了自己的底牌，要怎样才能挽回呢？不妨故布疑阵，让敌人以为不小心地曝光一个欲盖弥彰的陷阱，影响对方的判断。冷战时期，美国与苏联之间进行了一场军备竞赛。美国的太空计划不慎曝光，于是开始夸大太空计划的重要性和美方的成果。美方的成果对于苏联来说，就是一张被掀开的底牌，拼命想要追上美方虚假的成果，结果浪费了大量财力、人力，最终一无所获。

全力以赴，也要避免用力过猛

人们常说，狮子搏兔亦用全力，这句话用在工作、学习上，甚至用在人生的绝大多数地方都没有错，唯独用在人际关系这件事情上需要斟酌。想要搞好人际关系，需要的是什么？热情大方的人，能最快地拉近与其他人的距离，自来熟的人也颇能快速和其他人打成一片。但不管是哪一种，如果用力过猛，都会让人非常讨厌。

老张是某演艺公司的签约乐手，钢琴、电子琴和吉他是他的拿手乐器。除了公司举办的一些活动外，他平时都在演艺公司旗下的酒吧工作。老张对这份工作非常满意，一是因为他非常喜欢弹琴，二是因为这份工作的薪酬非常丰厚。相比之前他做过的工作，说是钱多活少毫不为过。要说这份工作有什么让老张不满意的地方，那就是不方便谈恋爱。

一个充满艺术气息、弹得一手好钢琴的乐手，怎么会难谈恋爱呢？公司要求每个乐队在一家加盟店待的时间不能超过3个月。也就是说，老张每3个月就要换一家店。老张之前也尝试过谈恋爱，找了几个女孩，眼看双方都有意思，到了要确定关系的时候，老张工作调动，离开了当地。本来就没谈上恋爱，马上又异地，关系很快就断了。

　　几次不愉快的恋爱经历，让老张明白一件事情，想要谈恋爱，要么找一个肯跟你东奔西走的女孩，要么只能内部消化。肯跟老张东奔西走的姑娘太难找了，没有一定的感情基础，谁肯跟你东奔西走。更何况，除非女朋友的工作也不要求工作地点，否则是不可能的事情。于是，内部消化就成为老张的第一选择。

　　乐队里唯一的女孩就是女歌手，老张对女歌手一点兴趣都没有。虽然那姑娘能说会道，风趣幽默，和老张关系不错，但那姑娘的体重超过老张，身高却没有老张高。他们在贵阳工作了一段时间，贵阳的老板非常赏识那个女孩，于是聘请那个女孩成为常驻主持人。这给了老张新的希望。

　　新来的女歌手名叫小宋，人还没到的时候，就加了老张的微信，询问了一些工作上的事情。老张看了看小宋的朋友圈，马上就喜欢上了小宋。小宋虽然长得不算漂亮，但正对老张的口味。等看到小宋本人以后，老张马上就觉得自己恋爱了。小宋不管是兴趣、爱好还是唱歌的声音，都让老张喜欢得不行。老张决定要追小宋。

　　他们这次奔赴的工作地点是四川的一个小城市，店方非常吝啬，提供的居住条件很差，房间里的空调还是坏的。小宋不喜欢宿舍的条件，跟老张抱怨了很久。老张也是个喜欢享受的人，简陋的宿舍条件让他也很不痛快。老张想要租个房子，反正也就三个月，当地的消费水平也不高。

　　租房的时候，老张突然想到，自己如果能够租个两居室，跟小宋一起住，不就能很快拉近关系了？于是，老张就在宿舍附近找了一间两室的房子，装修整洁，家电齐全。晚上工作结束以后，他带小宋到了他租的房子，表示有一间是给小宋的。

小宋没有表现出老张想象中的感激，反而表现出厌恶的样子。并且，在小宋拒绝了老张以后，她迫不及待地找了个借口离开了。老张有点摸不着头脑，小宋这是怎么了？自己哪里得罪她了？从那开始，小宋就开始躲着老张。

几天以后，店方举办万圣节活动。所有的乐队成员和歌手打扮好了以后，为客人献上一场精彩的表演。老板非常满意他们的表现，当晚请他们喝酒。工作结束后已经是深夜了，小宋表示自己不会喝酒，天色又晚，自己就不去了。由于已经是深夜，老张担心小宋路上遇到危险，于是就向小宋提出送她回宿舍。小宋犹豫了一下，还是答应了。

很快，老张就把小宋送到小区门口。小宋看看老张，说："张哥，你回去吧，送到这就行了。"老张正要转身离开，突然想到小区最近出现传闻，有抢劫犯持刀抢劫女青年。毕竟是老小区，没有门禁、保安，老张停住离开的脚步，对小宋说："最近附近不安全，我送你上去吧。"

小宋又一次拒绝了老张，但老张坚持要送她上去，小宋只好答应。宿舍在四楼，当老张跟着小宋上到三楼的时候，小宋又说："张哥，你回去吧，送到这就没事了。"老张心里想，送佛送到西，不少坏人专门等着单身女性开门的时候入室抢劫，还是等她进门自己再离开。老张说："就差这么两步了，我送你到门口。"

小宋听了老张的话，仿佛受到什么惊吓，飞速地跑上楼去，掏出钥匙，打开房门，然后把房门摔上了。老张感觉莫名其妙，敲门不开，打电话不接，只好发微信问小宋到底怎么了。小宋就回了几个字："你想干什么，心里有数。"

老张这才明白小宋是误会了。但不管他怎么解释，小宋也不理他。第二天，小宋就向总部提出调店的申请，据老张的朋友说，小宋回到总部以后，说老张对她图谋不轨，企图"潜规则"她。

听到这个消息，老张惊得下巴都掉了，半天才回了朋友一句话："她有病吧。"

用力过猛是人际交往中经常出现的情况，特别是在男女交往上。你想要把你最好的给对方，但太过热情反而会引起别人的不适。每个人都有属于自己的私人空间，你的过度热情很有可能侵犯到别人的私人空间，引起对方反感。

特别是有些行为，不仅让人反感，更让人恐怖。有些男孩会守候在喜欢的女孩门口，表现自己的一往情深。其实，这种行为不仅不会让人觉得感动，反而觉得恐怖。

不管跟谁交往，都要尊重对方的私人空间，避免用力过猛。如果用力过猛，只会适得其反。

辑3　自控

——最高级的教养，是把脾气调到手动挡

　　一个人的情绪决定他的命运，要想改变命运，就必须先控制情绪。拥有超强自控力是成功者共同的特质，就算是普通人，要想把生活处理得井井有条，把人际关系维护得圆圆满满，首先也得管好自己的脾气。否则，一旦行为失当，甚至失控，造成的后果不堪设想。

控制好自己，别让情绪毁了你

情商就是情绪的自我控制，人们都说情商高的人能够活得比较好，情商低、情绪控制差的人，活得就相对较差。这不是无的放矢。人在生活中，情绪控制非常重要，你的情绪是否稳定，甚至决定你未来的走向。

曾看过这样一则故事：

古时有一愚人，虽然家境贫寒，但运气着实不错。

有一回，当地下了大半月的雨，把这个愚人家中的一堵墙给冲垮了，愚人在清理垮塌的墙时，竟意外在墙下挖到了一坛金子，从而一夜暴富。

愚人虽然不聪慧，但胜在有自知之明，对自己的缺点很是了解。他一直很想让自己变得聪慧一些，于是在有钱之后，便决定去向一位有名的禅师求教。

禅师得知愚人的来意之后，对他说道："如今你虽然缺少智慧，但你有钱了，那么何不用自己的钱去买别人的智慧呢？"

愚人连连点头，觉得禅师说得很有道理，于是便带着钱去了城里。

在城里，愚人遇见一位老者，他想：这人年纪这般大，想必一生应是经历过不少事情的，智慧大概也不会少。

　　于是，愚人便走到了老者面前，恭敬地向他作揖，说道："老人家，请您将您的智慧卖给我可好？"

　　老者抬眼看看愚人，伸出了一个手指："我的智慧那可是价值不菲呀，得要100两银子。"

　　愚人赶紧激动地说道："没问题！只要能让自己变得聪慧，无论花多少钱我都愿意！"

　　老者点点头，这才说道："遭遇困难时，与人交恶时，都不能冲动，先向前迈三步，再向后退三步，如此重复三次，你便能得到智慧了。"

　　听了这话，愚人半信半疑："就这样简单？"

　　老者抚摸着自己的长胡子，笑着说道："你若是担心我欺骗你，那不妨先回家试试。若是发现我欺骗了你，那你自然就不用再来见我。若是发现我没有骗你，那便再将钱送来给我。"

　　愚人听从老者的话，赶回家的时候，太阳已经落山了，屋中一片漆黑。

　　愚人摸黑进了卧房，隐约中似乎看到床上除了妻子之外，居然还躺着一个人！愚人怒从心起，冲到厨房拿了把菜刀，正准备进屋砍了这对"奸夫淫妇"的时候，突然就想起了老者对他说过的话。于是，愚人压制下心中怒火，依照老者所言，先进三步，再退三步，如此重复了三次。

　　就在这个时候，床上的"奸夫"突然醒了，迷迷糊糊地问道："儿呀，是你回来了吗？这大晚上的你在干啥呀？"

　　听到声音，愚人一惊，原来和妻子躺在一块儿的，竟是自己的母亲！愚人悄悄放下菜刀，心里捏了把汗，暗自思量："要不是老者教导的智慧，今夜怕是要酿成大祸呀！"

第二日一早，愚人便匆匆取了银子，赶到城里给老者付了钱。

俗话说得好："事不三思终有悔，人能百忍自无忧。"

冷静是一种智慧，只有凡事都能做到三思而后行，我们才能让自己的人生少一些懊悔，少一些错误。人世间的很多悲剧，其实都是因冲动而起的，倘若我们能控制住好自己的情绪，在遭遇事情时，冷静客观地分析之后再行动，在做任何决定之前，都考虑好可能会引发的后果，那么自然能避免许多不必要的冲突与误会，人与人之间的关系也能变得和谐许多。

据闻有一回，青年拳击手王亚为骑车上街，在等红灯的时候，后头突然冲上来一个骑车的小伙子，直直地就撞上了他的自行车。这小伙子嚣张得很，非但不道歉，还恶言恶语地要王亚为他修车。

王亚为非常愤怒，但还是努力控制着自己的情绪，不想随便和人起冲突。这小伙子却是不依不饶，甚至还口出狂言地冲王亚为叫嚣："你是运动员吧？我告诉你，就算你是拳击运动员，我也不怕你，不信咱俩练练？"

一听对方要约架，王亚为赶紧摆摆手："哎，可别呀，我不是运动员，我也不会打架。"

见王亚为示弱，小伙子的虚荣心得到极大满足，总算是骂骂咧咧地走开了。后来回忆起这件事，王亚为说道："我知道自己一拳头打出去，会对普通人造成多大的伤害，所以我时刻都在提醒自己，一定要忍耐。能够在这种时候示弱反而让我觉得自己更强大。"

　　在无谓的冲突面前，懂得忍耐才是真正的强大，就像王亚为这样，敢于示弱，不为争一时之气而做出让自己后悔的事情，这样的他何其强大！有道是"他强任他强，清风拂山岗；他横任他横，明月照大江！"

　　情绪化的危害非常惊人。愤怒的时候，头脑发热会让你失去思考能力，做出错误的判断；悲伤的时候，又能让你久久不能忘怀，影响工作和学习效率。只要有一点负面情绪，都能让情绪化的人放在脸上，被人一目了然。这显然不能让你在商场上与人交锋。

　　不管是私人场合还是公共场合，不管是对别人还是对自己，都要控制好情绪。太过情绪化，不仅会影响你与别人相处的情况，还会增加身体负担。只有控制和梳理好自己的情绪，才能过好自己的人生。

大脑失去控制力，运气就会日渐远去

自控是一个很大的命题，不仅是情绪，还有行为以及和其他方面。在自我控制这件事情上，人是有两面性的。人们将思考方式不同的人分成感性的和理性的，认为这两种思考方式截然不同。感性的人缺乏自我控制能力，容易冲动；理性的人自我控制能力则较强，相对冷静。

其实，这与自我控制关系不大，真正与其相关的，是你的大脑能否控制你的身体。

有些人会奇怪，大脑失去控制力，哪里有这种时候。的确，笼统地说，大脑失去控制，其实是本能与大脑思维的交锋，是本我与超我间的冲突。简单来说，就是道理你都懂，但需要你这样做的时候偏偏做不到。

缺少自控能力的人，是什么样的？看看徐超就知道了。他从小就没有自控能力，那时还没有电脑、手机这些娱乐工具，每天晚上吃过饭，看动画片就是他最多的娱乐活动。动画片结束以后，就是新闻联播。从7点到8点整整一个小时，一个徐超喜欢的电视节目都没有。如果说把这段时间拿来写作业，一个钟头写好，正好是看武侠片的时间。

大脑无数次地告诉徐涛应该写作业了，但是他偏偏不想动手。于是，一个小时转眼就过去了，徐超还没有开始写作业。电视剧两集连播，从8点到10点要看电视剧，10点是他应该睡觉的时间。就这样，作业只能第二天到学校赶着写。

长大以后，徐超还是缺少自控能力。特别是上了大学以后，离开父母和严厉的老师，徐超如同一匹脱缰的野马，想干什么就干什么，晚上经常毫无自制力地玩到很晚，早上没办法去上课。考试前一周，他才第一次拿起书本，一只眼睛看着电脑上放着的电视剧，一只眼睛看着书。用他舍友的话说，这样看书怎么能看得进去？大学第一年，徐超就挂了两科。

第二年，徐超的状况有所好转，因为他交了个女朋友。徐超的女朋友是个特别有计划的女孩，绝对不许徐超肆意妄为想干什么就干什么。可惜，一学期的时间，两人还是分手了，还是因为徐超缺少自控能力。

那天晚上，女友和徐超约好，第二天上午两人见面，一起吃饭，然后逛街，下午一起看电影，然后吃过晚饭再回学校。徐超知道自己有睡懒觉的毛病，于是回绝了所有同学一起出去玩的邀请，特意早早地就躺下了。

躺在床上的徐超一时半会儿没有睡意，决定打开手机，读几章小说再睡觉。读了几章以后，睡意上来了，徐超却正读到有趣的地方。他的理智不停地告诉他应该睡觉了，否则第二天早上肯定起不来，但手却不受控制地打开小说的下一章。就这样，徐超无数次地劝说自己，却一直没有停止翻小说的手。等到徐超实在支持不住打算睡觉的时候，却发现天已经蒙蒙亮了。徐超一想，干脆也别睡了，一直看到吃早饭的时间，然后和女友去逛街吧。一夜不睡，再撑上一个白天，应该没什么问题。

第二天，徐超强撑着和女友逛了一上午。吃过午饭，两人来到电影院坐下以后，徐超再也坚持不住了。电影的声音和电影院昏暗的环境，成为最好的助眠工具。电影一开场，徐超就睡着了。等到徐超醒来的时候，发现身边的女友早已不见。出了电影院，才发现天已经黑了，他足足睡了一个下午，睡过两场电影。

大学时候因为缺少自控能力丢了女朋友，工作以后，徐超又因为缺少自控能力丢了工作。

徐超毕业以后成为一家对外经贸公司的职员，最开始的时候，上司对徐超颇为赏识。小伙子态度端正，名校毕业，仪表堂堂，很难让人产生恶感。结果，徐超上班才两个月，上司就完全改变了对徐超的看法。

徐超进入公司的时候，公司的业务不多，可以说处于淡季。一天的任务，往往一个上午就完成了，剩下的时间，基本上就是坐在电脑面前发呆。百无聊赖的徐超，看了看周围的同事都在干什么，发现同事们大多在看一些时事、国际关系之类的新闻。徐超想了一下，也对，这份工作与这些消息息息相关。于是，徐超也有样学样地看了起来。

看了一会儿，徐超就忍不住了，他本就是刚刚入职，还没有习惯这种工作节奏，无聊的时候，总是想要做点别的事情。尽管他的理智不断地反对他这样做，徐超还是趁着上司不注意，悄悄地打开了几个他经常浏览的论坛，找了一些有趣的帖子看。又过了一会儿，他打开社交软件开始和以前的同学聊起天来。徐超自以为做得神不知、鬼不觉，殊不知，公司局域网中的每一台电脑都被网络部门的同事监控，他浏览与工作无关外网的事情早就被监控下来，并且留下日志证据。

除了工作时做与工作无关的事情外，徐超还经常请假。请假的理由多种多样，今天肚子疼，明天头疼，后天要参加朋友婚礼。其实，他并没有那么多的事情，请假的唯一理由是起床的时候太困。

每天晚上，徐超都会调好闹钟，早上闹钟响起的时候，他也能醒过来。而他的大脑不停地告诉他，既然已经醒了，就应该赶紧起床整理仪容，然后上班。但是徐超却拿出手机，发一条短信给领导，说自己今天有事要请假，然后在床上躺上半天，才起床做别的事情。

在他实习期还没过的时候，领导就找到他，将他的请假记录和工作时浏览无关网站的浏览记录放在他的面前，辞退了他。

电影《后会无期》中有这样一句台词广为流传：虽然知道很多道理，却仍然过不好这一生。很多人认可这句话，认为自己懂的道理并不少，也不需要读什么成功学、励志书，但偏偏做不好事情。人们将这种情况归咎于运气，归咎于缺少机会。

实际上，造成这种情况的往往不是机会，也不是运气，而是因为你缺少自控能力。你知道怎样做是对的，怎样做能够让你获得最大收益，怎样做有好处，但偏偏不去这样做，因为你不能控制自己，甚至还和自己的理智和大脑对着干。这样又如何能够让自己过得越来越好呢？毕竟能让自己好的东西已经被你过滤掉了。

明代大思想家王守仁提出了"知行合一"。你知道的道理，做出的正确判断，如果不能执行，这些东西就一文不值。我们不管做什么事情都是这样，不管你多聪明，有多么过人的天赋，有多少超越别人的天才想法，如果不能控制好自己，就不能去执行。超越别人的一切东西，最终都会被浪费掉。如同你懂得的道理一样，不管你懂得多少道理，如果不能控制自己去做，跟不懂任何道理没有什么区别。

学会控制愤怒，你会因此大受欢迎

愤怒是一种常见的情绪，谁没有愤怒过呢？更何况有些时候，愤怒是应该出现的，是必要的。但是，我们不能随便宣泄情绪，更不应该随意愤怒。愤怒只应该出现在它应该出现的地方，所以我们要学会控制。特别是在人际关系方面，一次愤怒就可能对你的未来人际关系造成很大影响，让你变得不受欢迎。

对汉武帝刘彻的评价历来褒贬不一。有些人觉得汉武帝是一代明君，对民族融合做出巨大的贡献；也有些人认为刘彻是个残忍的暴君，是西汉灭亡的罪魁祸首。其实，这些评价都是正确的，特别是刘彻长子刘据的死，更是让历史留下遗憾。

刘据是刘彻与卫皇后的儿子，性格不像刘彻那样凶横，可能像母亲更多一些。刘彻晚年的时候经常大兴土木，任用酷吏，四处兴兵作战，导致国库空虚。刘据经常劝说父亲，希望父亲能够以民生为主，行一些宽厚、对百姓有利的政策，这导致刘彻对刘据的印象并不好。

汉朝时期，人们会将很多不了解的事情寄托于鬼神之说。所以，巫蛊之术盛行，人们都相信，用诅咒的方式可以害人性命。一天，刘彻做了个噩梦，梦见有几个木头人拿着棍子朝他打来。他从梦中惊醒，马上安排手下的酷吏江充，寻找是谁用巫蛊之术害他。巫蛊之术在诅咒别人的时候，木头人是最常用的工具。

江充为了立功，马上开始四处寻访，究竟谁家有木头人。只要被查到有巫蛊行为，都被严刑拷打，逼问是否要害皇帝。短短几天时间，就有上万人被扣上诅咒皇帝的罪名，这些人都被残忍地处死了，甚至包括宰相公孙贺全家，以及卫皇后生下的两个女儿。

刘彻的纵容显然给江充吃下一颗定心丸，既然皇帝在盛怒之下连自己的女儿都舍得，何不妨把事情闹得再大一点。

于是，江充收买巫师，告诉刘彻后宫之中阴气最重，最有可能是在诅咒刘彻，刘彻马上派江充前往后宫调查。江充事先已经做好准备，在搜查太子房间的时候，拿出上面写着诅咒刘彻话语的木人。刘据心知如果江充将这件事情告诉刘彻，已经被愤怒冲昏头脑的刘彻会毫不犹豫地杀了他。于是，刘据找了个借口杀了江充，第一时间调集军队保护自己。

刘彻知道太子杀了江充，还调集军队，认为刘据已经要造反，调动大军和刘据的军队交战。双方打了几天时间，死伤无数，刘据兵败，最终上吊自尽。

事后，刘彻通过调查才知道，太子刘据和卫皇后并没有行巫蛊之术诅咒他，都是江充的挑拨。如果汉武帝没有在盛怒之下失去理智，能够选择先调查再做决定，在这一场巫蛊之乱中，他也不会失去那么多。

巫蛊之乱让刘彻失去人心。整个事件中，被牵连的人多达40万，天下人和朝中大臣如何能够全心全意地信赖这样一个皇帝呢？如果说普通人失去人心不算什么，一个皇帝失去人心，就意味着江山不稳。后面的霍光专权，也与巫蛊之乱分不开。

与汉武帝刘彻经历相似的还有俄罗斯的伊凡雷帝，一次盛怒让他因过失杀死自己的儿子。说起来这件事情简直小到不能再小，伊凡雷帝儿媳叶莲娜由于怀孕，在炎热的天气中没有按照俄罗斯宫廷的规定，穿上厚厚的衣裙。伊凡雷帝路过的时候刚好看见，马上怒火冲上大脑，将叶莲娜叫了过来。伊凡雷帝凶名在外，叶莲娜当时就吓得魂飞魄散，动弹不得。伊凡雷帝看见她怀孕的分上，也没有严厉地惩罚她，只是用拐杖轻轻地打了她几下，当作惩戒。

可怜的叶莲娜虽然没有被打坏，但却被吓坏了。由于过度惊吓，叶莲娜当天就流产了。

伊凡雷帝的儿子得知这个消息以后，马上就来质问伊凡雷帝怎么可以用拐杖打他怀孕的妻子，造成流产这样可怕的后果。伊凡雷帝知道自己这件事情做得不太对，但大权在握的他什么时候被人这样质问过，他当即怒吼道："你这个可耻的叛徒，怎么敢这样斥责俄国的皇帝，你的父亲。"于是，用自己的手杖朝着儿子打去。

很不巧，这一下刚好打在太阳穴上，伊凡雷帝的儿子直挺挺地倒了下去。伊凡雷帝余怒未消，又冲上去举起手杖，再次朝着儿子落下。这个时候，御前侍卫鲍里斯·戈多诺夫挡在伊凡雷帝的面前，伊凡雷帝才清醒过来，刚才他打倒的是他最爱的儿子。

愤怒有什么好处？它可以给你勇气，让你敢于面对那些冒犯你的人，会让你在敌人面前充满力量。但如果你不会控制愤怒呢？你的面前没有冒犯你的人，没有对手，更没有敌人呢？那么，这一切都会降临在你想要笼络的人、亲近的人、最爱的人身上。

没有人愿意无端承受别人的愤怒，即便他们是你亲近的人。他们能够原谅你一两次，但不可能每次都能原谅你。

人们都说冲动是魔鬼，冲动的力量来自哪里？主要来自愤怒。一多半的冲动带来的严重后果，都是因为当事人被愤怒冲昏头脑。经常愤怒的人，不可能受欢迎。只有能够控制自己的愤怒，愤怒在正确的地方，才能够让你越来越受欢迎。

以别人能够理解的方式表达自己的不满

谁的人生是一帆风顺？谁又能在一生中没有丝毫对人和事的不满？显然，这是不可能的，即便刚刚有自我意识的小朋友，也会有自己不满的地方。当人有了不满的时候，自然想要改变这种不满状况。如何表达自己的不满，让对方明白，成为一个重要课题。

如果你不能好好地表达自己的不满，不仅别人不能解决让你不满的问题，甚至连自己已经不满了都察觉不到。如果你过度表达自己的不满，就会给人一种小题大做的感觉，反而会引起对方的不满。所以，适度地表达不满是自我控制的重要一环。

人们经常戏称永远都不知道女朋友为什么生气，甚至有人开玩笑地制作了一本1米厚的书，书名就叫《你女朋友生气的原因》。其实，生活中这种事情并不罕见。你想要表达自己的不满，就一定要用别人能够理解的方式，否则别人也不知道你不满的原因是什么。

金瑞在一家公司做技术员，这是他第一年进入该公司。这个公司不大，人员很少，但麻雀虽小、五脏俱全，事情不大、数量却很多。金瑞在刚刚进入公司的一年里，学会了很多东西，几乎公司的大小事情，都由他来串联。两年以后，金瑞觉得自己有点不堪重负，毕竟公司那些琐事虽然看着不起眼，但忙起来要比其他事情更浪费精力。

金瑞想找老板提条件，一是涨工资，二是要再招一个人协助他工作。金瑞是这样想的，但坐在老板对面以后，几句话就让事情变了味。

金瑞坐下以后，对老板说："李总，我觉得最近的工作太累了。"老板看着他说："你太累了？你在公司都干什么了？不就是那些小事吗？"金瑞这才明白自己忙里忙外这么长时间，老板对他到底是什么印象，他又说："李总，别看都是小事，加起来也不容易。"

老板皱了皱眉头，说："你到底都干啥了？"金瑞这时候有一万种表达自己不满的方式，但他偏偏选择了最糟糕的一种，对老板说："你不知道我干啥了？那你看看公司离了我还行不行。"老板二话没说，告诉他："行啊，那我就试试。你被辞退了，一会儿去人事部领工资。"金瑞气冲冲地离开领导的办公室，去人事那里结了工资，就离职了。

事实证明，金瑞离开以后，公司的运转果然非常不顺利。但老板骑虎难下，放不下架子把金瑞找回来，只好一边招人，一边想办法顶着。金瑞离职后的第一个月，公司连KPI报表都没人会做，工资都没办法正常发。一些部门间的联系事情，没有人知道确切的流程。一个月里，整个公司混乱不堪。后来，老板招了3个人才，顶上金瑞的空缺。

金瑞离开公司以后，过得也不怎么样。他虽然做的事情不少，对公司的贡献也不小，但要说他实际上干了什么，却也没什么大事。履历上不好看，找工作也很难，足足几个月没有收入，他才找到了新的工作。

如果金瑞在表达自己不满的时候，只简单地陈述一下自己到底做了多少事情和要求，就能和公司达成一种双赢的局面。如今，公司混乱了一个月，受的损失不小，更别说后续要雇3个人顶金瑞的位置，而金瑞也浪费了几个月时间，少赚了不少钱。

可见，如果不满释放得不当，就是一件对别人、对自己都不好的事情。如果能够更好地表达自己的不满，让对方及时改进，对双方则都有好处。想要适当表达自己的不满，有怎样的技巧呢？

第一，实事求是。既然你有不满，自然是因为你觉得自己受到亏待。想要让别人知道这件事情，必须客观地把事实放在别人面前，让他人切实知道，你真的是被亏待了。如果你不把事情摆在对方眼前，就说自己被人亏待了，对方只能凭借自己的印象做判断，你到底有没有被人亏待，就是对方怎么想的问题了。

任何雄辩都不如事实，只要将事实摆在对方眼前，不管对方之前对你是什么印象，都会被事实所折服。

第二，不要夸大自己的作用。即便你有苦处，有不满，也不能靠夸大自己的作用求改变。每个人都是有傲气、有自尊心的。在夸大自己的作用时，就相当于在变相地贬低对方没有发挥什么作用。特别是你在对领导或者同事诉苦的时候，如果功劳都是你的，他们岂不是什么都没干成？这个时候，双方肯定会闹掰，最后一拍两散。

第三，不要用拐弯抹角的方式表达自己的不满。很多人不敢轻易对上司、同事或者是更亲近的人表达自己的不满，生怕对方因这件事情而疏远自己。即便想要表达不满，也是小心翼翼、拐弯抹角的，希望对方能够自己发现，主动改变。

对方能够自己发现，并且做出改变的概率，实在太低了。即便对方一心一意为你着想，想要发现，并且做出改变，不知道是要多久以后了。有什么不满，就说出来，只要是客观存在的，只要不带有主观情绪，对方都能够理解。如果对方不能够理解，说明对方也不是你应该怕疏远的人。

表达不满有很多方式，但用客观事实说话是最好的。千万不要打哑谜，不要不说事光说结果，这样不仅对方理解不了，还会生出怨气。简单来说，就是在表达不满的时候，一定要用别人能够理解的方式。

喜怒不形于色，不见得是最优解

人们在谈论成功者，特别是伟人、政治家的时候，总是会谈论他们出色的情绪控制能力。人们特别喜欢用喜怒不形于色来形容，总是觉得喜怒不形于色是成功人士情绪管理的最高境界。其实，没有哪些伟人是真的喜怒不形于色的。真正能够控制情绪的人，会在该兴奋的时候兴奋，该愤怒的时候愤怒，该悲伤的时候悲伤。

《三国演义》中塑造了许多活灵活现的角色，虽然与历史可能不相符，但他们的形象、性格、行事却能给我们许多启示。提到刘备，人们首先想到的肯定是他爱哭的性格。的确，《三国演义》中，刘备动不动就哭，经常让人觉得他是个绵软性子。

实际上，刘备从最开始卖草鞋一直到成为一国之君，岂是个动不动就哭的人？综观《三国演义》全书，刘备每次哭都是有用处的，有时是为了收买百姓，有时是为了麻痹敌人，有时是为了骗老实人。可见，刘备的哭不是无目的地哭。哭对刘备来说，是一种工具，是在需要的时候才会展现的。

现代社会，相比刘备来说，曹操受到更多的推崇。曹操被称为枭雄，手段繁多，智计百出，打下一片大的基业。如果你留心看《三国演义》，会发现曹操与刘备相反，刘备爱哭，曹操爱笑。但曹操的笑，是真的笑吗？显然不是。

曹操的笑也是一种工具，安抚手下，笼络人才，为属下增加信心，或掩饰自己的不安。与刘备的哭相比，曹操的笑同样毫不逊色。

有人说，每个能成功的人都是好演员。这句话或许有点以偏概全，但在绝大多数行业里，学会当个好演员对你只有好处，没有坏处。与人交往的时候，你不能喜怒不形于色，只有在适当的时候释放适当的情绪，才能达成自己的目的，促进自己的人际关系和谐。

刘飞在某连锁地产公司工作，刚刚进入公司，就成为该公司当地分公司营销部门的一员。在与同事的攀谈中，他得知目前的上司，一个经常面带笑容、看上去非常老实的消瘦男人，在过去两年里凭一己之力撑起整个公司的销售额。

刘飞听到这个消息非常震惊，他不可置信地看着自己的上司，怎么也想不通这个相貌平凡的男人如何搞定那么多的客户。特别是在情绪控制方面，他颇为看不起这位上司。他觉得上司不管心里想什么，都放在脸上，这样还怎么和客户打交道？客户想要摸清他的底线，看着他的脸就够了。

一次，刘飞与上司一起去见客户。虽然成功签下合同，但刘飞觉得和上司的能力没什么关系。上司全程不过是挤出一张笑脸陪客户聊天，换他也能行。

第二次遇到了比较麻烦的事情，上司仍然顺利地让客户签下合同。刘飞也是从这次才发现自己上司的过人之处。

这一天，刘飞和上司与客户约好，下午在客户家见面，商量出售一套门市房的事情。上司今天的心情格外好，据说他刚刚拿到这个月的奖金，女儿考试又拿了全班第一，整个一上午，脸上都带着夸张的笑容。

下午，刘飞与上司在客户家的门口碰见时，上司的脸上仍然带着夸张的笑容。两人一起敲响客户家的门，当客户打开门的一瞬间，刘飞发现上司脸上的笑容不见了，换上一副非常平静的表情。刘飞转头看向客户，才发现客户嘴角朝下，似乎正因为什么不高兴。

刘飞跟着上司走进客户家，闲谈几句，发现客户今天兴致不高。刘飞觉得，上司今天肯定没那么容易拿下客户，碰个钉子在所难免。聊了几句，上司小心翼翼地抛出话题，问客户是不是出了什么事情。客户说，自己一个在国外的姑姑突然脑溢血住院了。只见上司脸上的表情一瞬间从平静变成焦急，他皱着眉头，加快语速，放轻声音问："那老人家现在怎么样了？有没有问题？"

客户摇摇头说："医院那边说情况不妙，我弟弟正坐火车赶来呢。等他到了，明天我们一起出国去看姑姑。"

刘飞只见上司的表情瞬间又发生变化，从焦急变成哀愁，安慰客户说："放心吧，吉人自有天相，您姑姑肯定没事的。"接着，脸上的表情从哀愁转变成关切，对客户说："您明天要赶飞机的话，今天肯定有很多事情要忙。买门市的事情，今天就不麻烦您了。等您从国外回来再说。"说完，就要起身离开。

刘飞想着，可不是嘛，客户现在的心情肯定急坏了，哪有心思跟你签合同。没想到，客户却一把按住上司的肩膀，说："你能体谅我，我也得体谅你。谈了这么多天，我这一出国，说不定什么时候能回来。要是我一时半会儿回不来，你这几天的时间不是都浪费了？何况，那门市我都看好了，今天咱们就把合同签了，后续的事情，你们跟我妻子谈就行了。"

签完合同，上司又安慰了客户，愁眉不展、唉声叹气地离开客户的家。刚刚离开客户小区的大门，上司脸上的愁容一扫而光，重新绽开笑容。刘飞好奇地问："怎么了，这么一会儿，你就不难过了？"上司同样好奇地看着刘飞，说："我有什么好难过的？今天发了奖金，女儿又给我长脸，更何况还谈成了合同，我有什么好难过的？"

刘飞这才明白，上司并非把什么都挂在脸上，只是把他觉得对方应该看见的东西挂在脸上而已。

喜怒不形于色，泰山崩于前而不惊，未必就代表一个人有良好的情绪控制能力。真正良好的情绪控制，要看一个人能否在适当的时候展现出不同的情绪来。

当老板嘴上说着没钱，又全款给自己买了一辆新车的时候，即便你心里把他骂了个狗血喷头，也不能在脸上表现出丝毫的愤怒。

当关系不熟的同事跟你唠叨他的家庭琐事时，即便你心里想的是关我什么事，脸上也要做出感同身受的表情。

当女朋友跟你抱怨她今天在路上被人踩了一脚，对方没有道歉的时候，即便你心里想的是就这么点事，但仍然要表现得义愤填膺。

喜怒不形于色，可能是一种最安全的选择，能够让你避免在错误的环境下做出错误的表情，但它永远不是你最好的选择。如果你能够控制自己的情绪，在适当的时候做出适当的表情，那才叫真正控制了情绪和脾气。

辑4　隐忍

——特别厉害的人，都是特别能忍的存在

　　成功者身上有很多值得称道的地方，超强的隐忍力就是其中之一。有城府的人，能够在逆境中韬光养晦，不断积蓄力量，在隐忍中丰满羽翼，在等待中默默崛起。复杂的世界里，在残酷的竞争法则下，我们必须参透"忍"字，学会收敛锋芒，谋定后动。

实力不济，与其生气，不如争气

实力不济恐怕是每个人一生中都曾经历过的，很多人在最开始的时候并没有察觉到自己实力不济，甚至还对自己的实力沾沾自喜。能够让自己察觉到实力不济的经历，一定是一段痛苦又煎熬的。明白自己实力不济，最该做的是什么？这个问题相信每个人都能给出答案，当然是努力提升自己的实力。但是，真正这样做的人却不多，更多的人选择了生气。

当你实力不济，输给别人的时候，又怎能不生气呢？会做出生气这样的选择，一点都不奇怪。但生气能解决问题、改变现状吗？能让你拥有击败敌人的实力吗？当然不能。生气只能干扰你的判断力，让你像丧家之犬一样失去应有的风度，迁怒那些没有过错的人。真正想要避免出现实力不济的情况，不如自己争气。

杨林是学习电子商务的，大学毕业以后，他找到一份工作，在一家刚刚成立不久的天猫店铺做运营。都说"纸上得来终觉浅，绝知此事要躬行"，杨林直到工作时才明白这句话到底是什么意思。虽然他有大量的理论知识，但到了运用到工作中的时候，他总是觉得这也不对，那也不对。

幸好运营部门不只有他一人，还有一位高薪聘请来的资深运营。进入公司以后他才知道，自己是来替换这位资深运营的。对方因为待遇太差，跟老板提出离职，老板提出要求，让他带杨林两个月，然后再走。

杨林过了无比辛苦的两个月，甚至可以说这是他高考结束以后第一次这么累，不仅每天要学运营技巧，还要帮忙打包、做客服。除了美工方面的事情，哪里缺人，他就要去哪里。

两个月的时间很快过去，资深运营离开公司，但杨林还什么都没学会呢。这两个月里，他每天都在忙着干各种各样的杂活，哪有时间学习呢？结果，第一个月，天猫店铺的销售额下降30%，活动也没有弄好。

老板对杨林很不满意，把他叫过去劈头盖脸地骂了一顿。杨林觉得很委屈，跟老板说："我每天忙得脚不沾地，哪有时间学东西？"老板毫不客气地说："什么叫忙得脚不沾地，你每天学运营能用多少时间，让你干点别的事怎么了？你以为给你开工资就是为了让你学习的？"

虽说拿了工资不假，但一个月不到2000元的实习生工资，在这个城市里本来就算杯水车薪，再加上每天的工作量，他的委屈理所应当。即便如此，杨林也没有跟老板多说什么。对公司来说，他是可有可无的。但对于他来说，现在还不离开这份工作。

接下来的几个月里，杨林每天都要抽出时间找过去那位运营留下的蛛丝马迹，从中推测到底要做什么，怎么样才能做好。如果有不懂的地方，就礼貌地向那位运营询问，问过以后总是不忘发个微信红包。

杨林以惊人的速度成长，一个月就已经追上那位资深运营的步伐。并且，他发现之前那位运营因为薪资问题，根本没有全力以赴。从那以后，销售额逐渐突破之前的数字，节节高升，甚至打进同类商品的前100名。

这个时候，杨林已经明白，自己不是过去的自己了，再拿2000元的工资，恐怕有点不太合适。他找到老板，说自己应该加薪了。老板表现得非常热情，告诉杨林，非常看好他，的确应该给杨林加薪了。经过一番夸赞与客套以后，老板告诉杨林，从下个月开始，杨林的工资就是2500元了。一次涨了500元，老板觉得自己很大方。

杨林皱了皱眉头，这与他预计的数目差得太远了。他本来打算起码要涨到5000元的工资加提成的。没想到，他的工资变动只是从实习生变成正式员工的水准。杨林当天就给老板写好辞职信，潇洒地走了。走之前，老板没有说一句挽留的话，反而告诉杨林，店铺的状况已经上了正轨，你走了照样能干。而且，他始终觉得杨林没干什么，无非就是每天坐在电脑面前看看数据，哪有干过一点正经事。网店能够发展起来，完全是自己领导有方和时间长了有了口碑。

结果还没到一个月，淘宝店的销量就大幅度下降。他去问其他员工是怎么回事，他们告诉他直通车没做，活动也没办，销量怎么可能好。老板急了，问他们为什么不办，美工和客服告诉他，他们又不是运营，怎么会做这些事情。

无奈之下，老板只好又招了运营，工资比之前多了不少，但也没办法。没想到，新来的运营不仅事情没做好，干了两个月以后觉得工资少又走了。他连续换了几个运营，没一个干得长的。

老板只好又给杨林打电话、发微信，好话说尽，想让杨林回来帮忙。杨林被烦得不行，只好告诉老板，自己早就找到新的工作，就在竞争对手的公司，薪水比之前翻了8倍。

因实力不济被人羞辱，被人耻笑，这种事情很常见。你可以生气，觉得你的人格被侮辱了，但不可否认，对方说的是真的。用什么样的态度面对自己实力不济，才是关键的问题。

生气是宣泄情绪的方法之一，但不能解决任何问题。即便你火冒三丈，你的实力也不会增强一分，不如知耻而后勇，努力提升自己，让别人从看不起你到高攀不起你。很多时候，不生气不是懦弱的表现，只是为了提升自己，让自己变得更加争气而已。

遭遇他人挑衅，若非底线，暂时退一步

我们说过，不能被人逼到退无可退，但这不代表我们就要寸步不让，如同炮仗一样，只要有人挑衅，就马上爆炸。且不说如果我们不分场合，不分面前是谁，随时随地正面硬怼挑衅者会造成多少麻烦，光是想想每次被人挑衅都要正面应付，就已经累死人了。

有时候，后退一步并不是什么可耻的事情，相反，这是一种智慧的体现，是有城府的表现，更是解决问题的正确方法。当面回击挑衅，虽然一时痛快，但可能不舒服很久。如果能够暂时退一步，等到自己摸清对方底细，或者是实力得到长足增长的时候，再进行反击就是易如反掌的事情了。

都说一样米养百样人，但小磊没想到，一直听说过但没见过的人，居然在自己第一次参加工作的时候就碰上了。小磊是某电视公司的网格主任，他之前已经有相当丰富的工作经验了，早就不是什么毛头小子，但在几个月前却丢掉了工作。

他在这家电视公司已经工作了6年多，前两年公司来了个新人，虽然看着不聪明，却非常直爽不做作，每天跟在小磊背后一口一个磊哥地叫着。对于小磊的妻子，他也非常尊重，甚至有些时候表现得非常谄媚。小磊喜欢这个同事，觉得他虽然粗鲁一些，但没什么坏心眼，教了他不少东西。

新人成长得很快，在小磊当上网格主任一年后，他也顺利地当上了网格主任。小磊觉得很欣慰，对方成长得快，不正说明他带得好吗？让小磊没想到的是，这个自己一手带出来的新人在跟自己平起平坐以后，马上就改了对自己的称呼，一夜之间就从"磊哥"变成"磊子"。

小磊虽然心里不太舒坦，但也没什么办法，毕竟对方跟自己地位一样，年纪也与自己相当，非要让人家叫哥，凭什么呢？他倒不是在乎地位的高低，只是对自己一手带出来的新人两面三刀的做法觉得很不舒服。

这一天公司聚餐，领导层几乎都到了，按照职位高低，分别坐在不同的桌上。小磊自然是和其他网格主任坐在同一桌，即便桌上有自己不喜欢的人。

小磊本以为对方不再尊敬他已是极限，没想到居然对自己的怨气颇多，几杯酒下肚，开始编排小磊，说他以前跟着小磊的时候什么都没学到，还被小磊一直欺负。小磊气不打一处来，说什么时候欺负过他，如果自己不教他，他懂个屁。双方争吵几句，就在酒精的影响下，动起手来。

第二天小磊被领导问责，领导表示既然是小磊先动的手，就让小磊先道歉。小磊气得笑了出来，自己被当众诋毁，还要道歉，岂不是坐实对方诋毁自己的事情？于是，小磊什么都没说，直接辞职。

小磊丢了工作，被父母和岳父、岳母好顿埋怨，家里刚刚添了第二个孩子，妻子做护士薪水不高，他再找工作恐怕又要重新做起。

没过多久，小磊就进入第二家公司，同样是电视公司，同样是业务部门，部门里还有一个跟之前一样的浑人。小磊是怎么知道对方是个浑人的呢？他想不知道都难。

小磊工作的第一天，被分到浑人所在的小组，那个浑人当着所有人的面说："你新来的吧，以前在别的组没见过你。告诉你，你可得好好干，我不管你是不是新人，拖累了小组业绩，你就得滚。"

小磊被惊得目瞪口呆，虽然他已经碰见过浑人，没想到这次碰见更浑的。这种个性，他以前只在别人口中听过，没想到居然碰见活的了。他当时就火了，正准备跟对方好好争论一下，凭什么对方说话能够这样不客气。但一想到家人对自己说的话，一想到现在家里用钱的地方还挺多，他就面带笑容地说："好的，我知道了。"

小磊就这样忍气吞声了吗？当然没有。他自然是不服气被人挑衅的，不过上班第一天就敢这样大放厥词的人，要么是小组负责人，要么是负责人的亲信，自己贸然与其对抗，作为新人肯定没有好果子吃。于是，他决定先摸清楚情况再做决定。

小磊手上本来就有一些交好的客户，加上他之前也是一步步地从普通业务员做到网格主任的位置，重新接受业务员的工作，轻车熟路。第一个月，小磊的业绩不仅没有拖小组的后腿，反而名列前茅。

这一个月的时间里，小磊也摸清了浑人到底是个什么货色。他既不是小组领袖，也不是小组领袖的亲信，只是个自大、狂妄、摸不清自己地位的新人而已。之所以大放厥词，是因为上个月他们小组业绩不好，被停发了奖金。小磊始终没弄明白，为什么这个业绩在后半段的人敢于说出这样的话，可能是为了告诉别人，虽然他的业绩在后半段，但没有排在最后，所以害小组停发奖金的人不是他。

短短半年时间，小磊就从一个新人重新回到网格主任的位置。浑人说，想要跳到小磊的手下工作，小磊毫不犹豫地拒绝了。

被人挑衅，总是有些人忍不住和对方唇枪舌剑，针尖麦芒，当场对峙。这绝不是最好的选择，绝不是最恰当的做法。你可能觉得被人挑衅如果不还击的话会丢面子，但有些时候当场发作，不退一步，可能会损失得更多。详细地说，被人挑衅暂退一步，会有以下好处。

第一，敢于挑衅的人，总是有些底气的。或许轻易挑衅别人的人是无脑的，是莫名其妙的，是毫无自知之明的，但绝大多数挑衅别人的人，都是有原因的，要么是有什么误会，要么是有自己不得不这样做的理由，要么就是有背景、有底气。

只要有其中一点，我们都需要从长计议，寻找更好的解决问题的方式。如果贸然行动，直接回击对方的挑衅，很有可能会造成难以挽回的后果。例如，没有机会化解误会，因为没能理解对方的意思产生新的误会，得罪自己现阶段得罪不起的人。

　　第二，退一步，能够避免双方的尴尬。有些挑衅并不是处心积虑、满怀恶意的，不过是个糟糕、不合时宜的玩笑。也有些挑衅是受到外力的影响，例如酒精、一天的坏心情。不管是哪一种，对方的挑衅都不是发自内心的，都会后悔。

　　退一步，别将这件事情激化，给大家一个台阶。当对方头脑清醒以后，明白自己究竟干了什么的时候，会感谢你当时的大度和所作所为。

　　第三，退一步，不仅为了自己，也为了更多关心你的人。当挑衅不触及你的底线时，你损失的可能只有面子。但是如果你贸然还击，可能会失去健康、工作。别忘了，这个世界上的每个人都不是单独活着的，你的父母会为你担心，女友、妻子会为你心疼，家庭需要你承担责任。

卧薪尝胆，三千越甲可吞吴

卧薪尝胆的故事大家都听过，越王勾践为了向吴王夫差复仇，卧薪尝胆，忍辱负重，最终成功地击败吴王，成为吴地的霸主。谁没曾遭遇过失败？谁又不曾遭遇过人生的低谷？低谷不可怕，落寞不可怕，失败更不可怕。可怕的是，被击倒以后再也没有重来的勇气，没有崛起的欲望，没有那颗想要成功的心。

小彬是某名牌高校毕业生，又考了国内著名金融院校的研究生，开始找工作的时候，他已经顶着精英的名号了。不管是他自己，还是亲人、朋友，都觉得他的起点一定会很高，很快成为精英人士。没想到，他的发展经历格外坎坷。

毕业以后，他的第一份工作是进入某国有股份制银行工作，地位不高，但是内勤，坐办公室，做得好会很容易进入管理层。可惜，他虽然是学霸，但情商上不是很突出，不仅不会巴结领导，更是经常在酒桌上不给领导面子，说自己不能喝酒。

一个关系和他不错的同事不止一次地劝告他，说不要和领导关系闹得那么僵。领导劝酒你就喝点，然后装醉就完事了。咱们部门都是不干事的关系户，你又不是不知道，要是你得罪领导被调走了，干活的人不就只剩下我一个了？

小彬没有听同事的话，依然我行我素，该不给谁面子就不给谁面子。领导不喜欢他，没多久，他就被下放到地区支行营业部做基层工作。他虽然是名校硕士，但被下放到支行营业部以后，就没有人在乎他的身份了。他被安排了外勤工作，跟临时工没什么区别，只需要拉存款就好。

小彬不善交际，一直以为自己学了金融，主要是跟数字打交道。没想到，工作还是跟人打交道多一些。他根本不会推销，也没有要学习如何推销的想法，结果总是完不成任务。支行的领导开始看他不顺眼，不仅不会做人，又没有业绩，简直就是废物一个，还什么高才生。同事也经常排挤他，在背后冷言冷语。

后来，他又被安排推销信用卡，这已经是银行中门槛最低的工作了，但他是学金融的，不是学营销的，仍然完不成任务。领导骂他已经成了家常便饭，甚至有几次被骂了以后，他回到家里会大哭一场。

这样痛苦的日子持续半年，小彬数次想过，自己辞职去别的地方算了，但又不甘心，如果自己辞职，那么刁难自己的人岂不是得偿所愿了？如果到了下一个地方还是这样，自己难道再辞职？肯定是不行的。

小彬知道，自己只是在交际方面不拿手，缺少天赋而已，但绝对不傻，他的头脑远比其他同事、刁难他的领导都聪明。于是，他开始寻找不用说话就能表现自己的方式。很快，他就找到了。

地区分行，他被下放之前工作的地方，举行了一次征文活动。他花费大量的时间和心思，写了一篇花团锦簇的文章交上去，结果居然直接被分行行长看上。行长一看他的资料，好好的一个高才生，怎么就给弄到下面支行推销信用卡去了？得知了小彬的情况以后，他十分赏识小彬的才能，直接把他调了回来，进了分行长办公室做助理。

过去刁难过他的领导，背后说他坏话的同事，马上都慌了手脚，有些私下跑来道歉，有些打电话说了不少好话，也有约私下吃饭赔罪的。小彬大度地表示，过去的事情就都过去吧，他没放在心里。

过去在背后说他坏话的同事，他的确没往心里去，但是刁难他的领导可没打算就这么过去。只不过他知道，即便自己得到分行行长的赏识，拿那些领导也没什么办法，说两句坏话，只能破坏自己的形象，对那些领导造不成多少实质性影响。而且，他也不想一直做助手、做文秘。

他一边在分行行长身边做文秘、助理的工作，一边做公务员的题册。到了公务员考试的时候，他一举成为银监会录取的第一名。

进入银监会以后，他成为一名培训人员。虽然手中权力不大，但当地银行的行长他全都混熟了。特别是之前赏识他的分行行长，更是经常巴结他，希望能够通过他拉近跟大行长的关系。

小彬不会拒绝任何人的好意，何况分行行长通过他做的事情，也不算违反什么规定。一次，他在分行行长和大行长都在的酒桌上，有意无意地说道："听说你们分行的某领导，在他部门里安插了不少老乡、亲戚什么的，部门里能干活的没几个人。"

说者有意，听者有心。果然，几天以后，那位领导就被分行行长调查、处理了。

卧薪尝胆，听起来就是一件非常痛苦的事情，但在痛苦的背后，更多的是在困难环境下的坚持。想要完成这种坚持，并不是单单凭着意志就能实现的，也不是毫无技巧就能成功的。

卧薪尝胆能够成功，最重要的是不被现在的生活磨灭想法和意志。难道还有人会忘记自己的目标是什么吗？会忘记不满与怨恨吗？当然有。这个世界上，想要改变自己人生的人太多，实际上做到的少之又少。这不仅是因为能力问题，更是意志力问题。很多人最后习惯了现在的生活，忘记了自己的目标。

晓霞是一位女律师，家庭条件不好，又有些重男轻女，所以她的求学路格外艰苦。经历过长时间的卧薪尝胆以后，她终于成为一名律师，以自己的身份为傲，认为自己总算走出愚昧的家庭，能赚钱改变自己和家庭的命运了。一个小律师，真的能改变什么吗？虽然她在和老家的同学、闺蜜炫耀律师身份时，她们都一直称赞并表示羡慕，但没有一个人是真的羡慕。

她引以为傲的律师身份，距离她所想象的成功人士、上流社会差得还远呢！一个C证的律师，一辈子只能赚点跑腿的钱。如果能够拿到A证，一定能够让自己接更多、质量更好的案子。于是，她的下一个目标就是考到A证。

每年司考晓霞都会参加，但都没有考过。她之前信誓旦旦地说每天要拿出两小时看书，最终也没有实现。不是因为别的，而是她已经习惯现在的生活，并且觉得还不错。

卧薪尝胆这件事情，是要有计划的。没有计划地卧薪尝胆，不过是泄愤而已，是拿自己来出气。卧薪尝胆必须有计划，只有定时、定量，按照步骤提高自己的能力，才能真正达到卧薪尝胆的效果。

老沈是一家小报的编辑，他有过非常辉煌的经历。当他说出自己在国内最早网文论坛的ID时，经历过那段历史的人都知道，如今能上作家收入榜的大神在他面前被侮辱得多么惨。但如今，人家年收入上千万，他却只能在小报社当编辑。

在他得知过去那些一起在网上胡混的朋友有不少发了财，他也想要卧薪尝胆改变自己的人生。他有毅力，也有头脑，唯一没抓准的就是方向。头几年，他想成为网络写手，但没有一部作品能够长期连载下去，总是开了个头，就觉得不好，换了内容。

两年以后，他觉得自己需要稳定的收入，不适合做网文写手，没冲劲去拼了。于是，他选择考公务员。趁着年龄还在录取范围内，赶紧考了两年。一年笔试没过，一年面试没过，最终公务员之路无疾而终。

最终，他开始做兼职，除了全日制的报社编辑外，还兼着另一个小报的编辑。这个时候，能多赚点钱，他就满意了。

每个人都有不顺利的事情，被人瞧不起，被人欺负，这种经历再常见不过。而卧薪尝胆，代表了想要改变生活的意志，代表了想要超越对手、击败对手的执念。

夫唯不争，故天下莫能与争

"夫唯不争，故天下莫能与之争"，这句话出自《道德经》，讲述了一种不争而争的状态，是我国古代道家无为而治思想的体现。道家哲学中，不争就是最高的争，尺有所长，寸有所短，只要你想要争，总是会有人比你更好。如果你不争，就没有对手，也没有人能够击败你。

人们常说，没有对比就没有伤害，很多时候，谁高谁低是通过对比得来的。如果有人想要击败你，给你难堪，而你又没有十足的信心，这时只要不争就好。即便不争，也要比被人击倒在地好看得多。

牛根生一手创立了蒙牛乳业，蒙牛乳业从无到有的过程堪称一场奇迹。整个过程中，牛根生一直运用不争的哲学，让蒙牛成为全国顶级的乳业品牌。

要说不争，牛根生最开始也不是不争的。他原来在伊利与郑俊怀争，最终失败了，在41岁的时候开始创业。

白手起家何其艰难。刚刚离开伊利的时候，牛根生每天都要去北大充电，他的心态很差，每天沉浸在痛苦、委屈等负面情绪中。一直到情绪稳定以后，他才开始计划创建蒙牛。

牛根生在北大进修的时候，很多过去的下属找到他，表示愿意从伊利离开，希望牛根生能够带领他们东山再起。牛根生第一次运用他的不争，没有留下这些人，也没有许诺跟着他将来一定能干得更好。相反，他一直劝说这些部下回到伊利去，即便自己要成立蒙牛，也不过是一家注册资金100万元左右的小公司，何必让自己的老下属舍弃优渥的工作环境，跟着自己从头打拼呢？

牛根生的不争起到他没有想到的结果。当他劝说老下属回伊利工作的时候，不少人觉得，这样一心一意为下属着想的领导将来一定不会亏待他们。于是，等蒙牛乳业正式成立的时候，投靠牛根生的人比之前还要多。他越是劝大家不要来，来的人就越多。

牛根生的第二次不争发生在蒙牛已经站稳脚跟，开始打响知名度的时候。当时计划在内蒙古各地投放一些宣传广告牌，不过宣传的方式与内容还没有想好。第二天，广告牌树立起来的时候，上面的广告语让所有人都没有想到："向伊利学习，争做内蒙古乳业第二品牌"。

投放广告的时候，都是尽量往好了说，往强了说。不说做第一品牌，好歹也得来个全球知名商标，没有全球知名商标，也得有个全国知名商标。蒙牛的广告宣传，且不说是第几的问题，这直接把竞争对手伊利的名字放在自己前头，还表示要向伊利学习。

宣传上的不争，反而让内蒙古人民对蒙牛产生更深的印象。一是这样的宣传方式实在太古怪，太出人意料了，二是蒙牛和伊利的名字出现在同一块广告牌上，不管谁大谁小，总归规模差不了太多。实则，当时的蒙牛和伊利相比，不说蚍蜉与大树之间的差距，也是芝麻对西瓜。

牛根生此后还有很多不争的事情。例如，伊利公司出现负面新闻的时候，牛根生没有落井下石，报当年的一箭之仇，反而选择为伊利说话，为伊利摇旗呐喊。这种不争的行为让不少观众产生好感，后来蒙牛的市值大幅超过伊利的时候，不少人认为伊利与蒙牛的差距，就是管理者人品上的差距，这为蒙牛带来更好的口碑。

如果牛根生没有选择不争，而是与伊利一争高下呢？恐怕在做广告的时候，就已经被打败了。毕竟只要蒙牛说自家的产品比伊利更好，只要比较一下，结果自然而然就会出现。所以，夫唯不争，天下莫能与之争。只要你别把对方放在你的对立面，别把自己变成对方的竞争对手，对方也不能自行把你当靶子打。

一家工厂有一位师傅，后面总是跟着个小伙计。两人年纪相差不大，只有七八岁，同属一个部门，上下级也是分明的。师傅不喜欢小伙计，主要是因为小伙计那双贼溜溜的眼睛，不管他做什么，小伙计总好像在偷偷看他，而当他停下来观察小伙计的时候，他似乎又没在看。后来，师傅发现小伙计学着他的样子开始操作机器，虽然还不熟练，但已经有模有样。

师傅想要赶走小伙计，让他离开这个工厂，因为他觉得小伙计是他发财路上的阻碍。他经常试探小伙计，机器出故障的时候，生产不能正常进行的时候，他就告诉小伙计，如果他能解决，就跟自己一样做师傅了。小伙计摇摇头，表示自己不行，给师傅打打下手还可以，自己上手，绝对不行。

师傅多么希望小伙计能够争上一争，只要他敢和自己争位置，自己就有办法让他马上离开。小伙计一直在身边，早晚有一天，自己的手艺要被小伙计掏空。

师傅是工厂的顶梁柱，本来做这一行的就不多，他更是有丰富的经验和全能的手艺。可以说，离了这位师傅，工厂就要瘫痪，至少一个月不能开工。听起来一个月不开工不算什么大事，但之前接下的订单，光是赔付违约金就够工厂倒闭了。

师傅看着工厂的效益蒸蒸日上，终于找到老板，说要技术入股。老板自然是不愿意的，因为师傅的技术并不是他发明的，只是知道的人比较少，加上为工厂量身定制的一些东西而已。师傅狮子大开口，要工厂15%的股权，老板没有拒绝他，也没答应，说要好好考虑一下。

得罪这位师傅的后果是可怕的，工厂倒闭几乎是必然的结果。但受人要挟，将15%的股权让出来，老板又不甘心。就在他思考究竟该何去何从的时候，突然想到不是还有个小伙计吗？

于是，老板找到小伙计，私下问他，师傅的本事学会多少。小伙计话没说得太满，没敢说把师傅的手艺都学到了，只是告诉老板，维持工厂的正常运作没有问题，老板这才算得到一颗定心丸。他问小伙计，让他替师傅的位置愿意不，小伙计摇摇头。

老板马上急了，问小伙计为什么不愿意，是知恩图报还是担心师傅报复，这些都不要紧，老板不会亏待师傅，也会帮小伙计解决问题。小伙计摇了摇头，露出一个灿烂的笑容，对老板说得加钱。老板忐忑地问加多少，小伙计说师傅的工资翻倍。

虽然这个数额不算少，但相对15%的股权来说根本不算什么。第二天，老板就给师傅结了3个月的工资，礼貌地请他离开了。小伙计顺利地坐到师傅的位置，还拿到双倍的工资。每当他回想起师傅问他要不要试着提高地位，和自己平起平坐时，小伙计就笑着想有啥好争的。

不争，有时候是一种哲学，是一种胸怀，还是一种手段。我们可能学不来老子的哲学，学不到道家广阔的胸怀，但我们可以利用不争完成争这件事情。不争，有哪些好处呢？

第一，不争，可以争时间。面对强大的对手，面对自己目前无法抗衡的敌人，越是早站在对方的对立面，越是先暴露自己的意图，就越容易被对方盯上。越是争失败得就越快。

只有不争，才能避免被对方当成敌人，成为对方的眼中钉、肉中刺。只有不争，才能让你有足够的时间成长起来，强大起来，最终战胜所有的敌人，到自己想要到的位置上。

第二，不争，才能避免正面冲突。大禹治水的故事流传几千年，但大禹的父亲鲧的故事却鲜少有人知道。鲧同样是治水，但采用的方式却不对。他一直致力将水患堵住，与水患争个高下。如今，科技如此发达，人力尚且不能抗衡大自然，远古时期的人类又如何能够做到呢？所以，鲧治水失败了，害了无数人和自己。

大禹则不同，他开始的时候也是与水患相争，但发现力有不逮，一直争下去，只能重蹈覆辙。于是他选择不争，用疏导的方式治理水患，最终成功地解决了问题。

堵不如疏，争不如不争，当我们面对强大且与自己持不同意见的人的时候，想要与对方抗争是一件很难的事情。特别是争，对方会对你产生警惕心理，你就需要承受对方强大的冲击力，如同想要堵住奔流的洪水。

如果不争，能够引导对方，求同存异，问题就能存在更好的解决方法、更多的可能性，而不是在互相争夺的情况下最终只能拿出一个极端的方案来。

不争不代表放弃，只是由于没有出现最好的机会，暂时搁置了想法。一旦有合适的机会出现，不争时所积累的大量优势就能展现出来。厚积薄发，帮你一举成功。我们不争，不是不想争，而是客观条件不允许我们争。不争的过程，就是改善、创造客观条件的过程，不争最后还是为了争。

隐忍是最好的盾、最利的矛

以子之矛攻子之盾的故事大家都听过，用世界上最好的矛攻击世界上最好的盾，究竟会怎样呢？没有人知道，除非矛和盾都会隐忍。如果双方用隐忍作为矛盾进行交锋，根本不会打起来，也不用思考结果了。

不说笑话，一本正经地说，隐忍的确是最好的盾。即便你一无所有，隐忍也能够保护你，为你留下希望的火种。

用隐忍保护自己的人实在太多，孙膑在被师兄庞涓迫害的时候，装疯卖傻，百般隐忍，才打消了庞涓杀他的心思。司马懿不容于曹操，始终不敢展露才能。曹丕继位以后，给了司马懿一些信任，任用他管理政事，却不给他任何兵权。曹睿继位，司马懿已经军权在握，但曹氏宗族的势力太强，也不是好的机会。直到曹芳成了皇帝，司马懿又长期装病，麻痹曹爽，最终给曹爽致命一击。

或许司马懿已经非常隐忍，但和日本开启幕府时代第一任征夷大将军德川家康相比，还是差点火候。

德川家康本姓松平，世代都是武士，甚至还出过几位城主、大名。但是到了德川家康这一代，家族已经走向没落，他是作为人质在寺庙中长大的。多年的人质生涯教会了他隐忍的重要性，并且养成谋而后动的习惯。

　　德川家康苦苦等待，终于得到一个机会，那就是当时日本最强大的军阀今川义元与尾张地区的地头蛇织田信长开战，如果他想要摆脱人质的身份，领军作战是最好的理由。他向今川义元提出要为作战出一份力，但却没有完全得到今川义元的信任。为了得到这个机会，他不惜提出为今川义元做炮灰，去一线打头阵。

　　这场战争中，今川义元没有获胜，因为德川家康与织田信长私交不错，与其说织田军打赢了关键的一仗，倒不如说是德川军与织田军共同努力的结果。在与织田信长南征北战的过程中，德川家康的实力逐渐强大起来，织田信长对他的怀疑也日渐加深。

　　由于德川家康与织田信长交好，德川家康的长子德川信康娶了织田信长的女儿德姬。德姬不是信康的正室夫人，不仅与信康的夫妻感情不好，更是与正室筑山夫人水火不容。一次，德姬回娘家的时候向父亲痛陈种种苦楚，还说筑山夫人与北方的大军阀武田信玄有勾结，意图废掉德川家康，让信康即位。

　　这件事情不是小事，如果说德川家倒向武田家，对织田家就是一个重大打击。织田信长马上派人暗中调查，还向德川信康的家臣打听德川信康是个怎样的人。调查结果很快就出来了，说筑山夫人勾结武田信玄，准备发动政变，而德川信康性格暴躁，刚愎自用，家臣也没说什么好话。织田信长马上写信给德川家康，要求德川家康处死筑山夫人和德川信康。

　　德川家康接到信的时候还没明白发生了什么，真的是"人在家中坐，祸从天上来"。他自信不管是筑山夫人还是德川信康，绝对不会有害自己篡位的想法。但织田信长说，已经调查出筑山夫人的确勾结了武田信玄，让他反驳织田信长，他是不敢的。于是，他写信给织田信长，说筑山夫人的事情他说不准，但德川信康是一定不会造反的。

织田信长看出德川家康想要保住自己的儿子，也没客气，告诉德川家康说，如果你杀了一个孩子的母亲，孩子怎么可能不恨你？不用担心我的女儿守寡，该动手就动手吧。德川家康左思右想，究竟是暴起反抗，还是隐忍下来，继续在织田信长的羽翼下壮大势力？最终，他是选择了隐忍，含泪杀死筑山夫人，又逼迫儿子德川信康自杀，这才没有引起织田信长的怀疑。

本能寺之变，织田信长殒命，明智光秀与丰臣秀吉为了争夺织田信长留下的统治权展开争斗。德川家康衡量了一下自己的实力，觉得不是丰臣秀吉的对手，于是向商人出身的丰臣秀吉低头。这一忍就到了丰臣秀吉去世，此时的德川家康已经是大名中势力最强大的。

德川家康的隐忍之道备受推崇，而乌龟这一同样擅长隐忍的动物则与德川家康联系在一起。至今，日本江户东京博物馆中还有德川家康与乌龟的雕塑。

隐忍是最好的盾，无形又强大。它虽然不能抵挡刀剑，却能抵挡怀疑与恶意。有些无形的伤害，只有隐忍，才能真正保护你。

隐忍不仅可以用来防御、保护自己，同样可以用来进攻，杀伤敌人。

我国古代有四大刺客，即专诸、荆轲、豫让、聂政。除了这四大刺客外，要离刺庆忌的故事同样不遑多让，甚至可以说更加可歌可泣。庆忌是吴王僚的儿子，号称吴国第一勇士，而要离不过是个身材瘦小的残疾人。最终，庆忌却死在要离的手中，正是因为要离使用了隐忍这个最锋利的矛。

当时吴王僚被专诸刺杀，继位的是公子光，也就是后来鼎鼎有名的吴王阖闾。吴王僚的儿子庆忌打算回国争夺王位，如果庆忌回国与阖闾开战，势必生灵涂炭，百姓遭殃。阖闾听说要离剑法高超，就请来要离刺杀庆忌。

要离虽然剑法出众，但身材瘦小，想要击杀有万夫不当之勇的庆忌，简直是天方夜谭。于是，要离告诉阖闾，一会儿和自己比剑，假装为自己所伤，斩断自己一条手臂，自己逃走，随后再杀死自己全家。

阖闾听了要离的要求，简直不敢相信自己的耳朵。刺杀庆忌本就是九死一生的事情，居然还要搭上全家老小？他拒绝了要离的请求，但要离再三表示，自己愿意承担后果，并且如果不这样做，绝对没有刺杀成功的可能。无奈之下，阖闾只好按照要离的办法，砍断他的左手，又杀死他的全家。

要离到了卫国，找到庆忌，痛陈阖闾的残暴，表示愿意投靠庆忌，以报血海深仇。庆忌不敢相信要离，派人前去吴国打探，得知要离所说的都是真的，才接纳了要离的投靠。

从那开始，要离处处曲意逢迎，讨好庆忌，让庆忌越来越信任他，但心里却深恨庆忌，将全家人的血海深仇都算在庆忌的头上。隐忍许久，庆忌对于要离不仅是喜爱，而且完全信任了。

3个月以后，庆忌从水路出征吴国，要离动手的机会来了。

　　当天，庆忌打了胜仗，全军庆功。趁着月色，庆忌与要离同乘一支小舟，顺流而下。要离见庆忌正在饮酒，对自己全无防备，抽出佩剑，用仅剩的一只手把剑送进庆忌的心窝。

　　庆忌马上反应过来，自己被要离刺了一剑，虽然中剑，但仍勇力非凡。他将要离倒提，反复溺入水中，然后又将要离放在自己盘坐的膝盖上，仰天长笑道："没想到，这个世界上还有敢刺杀我的勇士。"

　　庆忌的卫士马上发现庆忌被刺杀，要将要离杀死，庆忌却说："今天世界上已经死了一个勇士，就不要死第二个了，放他走吧。"说完就气绝身亡。

　　要离回到吴国，向阖闾报告自己已经刺杀了庆忌，随后又感叹自己害死全家，又辜负了庆忌的信任，实在是不忠不孝、不仁不义，于是伏剑自尽了。

　　庆忌被一剑穿心，尚有余勇倒提要离如儿童，如果正面交锋或是埋伏偷袭，要离恐怕远远不是庆忌的对手。偏偏就是弱小的要离，利用自己的隐忍获取庆忌的信任，一剑结果了他。可见，隐忍的力量究竟有多么强大。

　　隐忍能够给我们带来的实在太多，隐忍的手段也是多种多样。不管哪种，都要克制自己的情绪，认清自己的能力和位置。如果判断错了出手的时机，不仅之前的隐忍都要白费，更会让自己陷入危险。

　　只要善用隐忍，就能进退自如，进攻时如手持利器，攻无不克，防守时又能固若金汤、纹丝不动。

辑5　圆融

——如果你能圆融一点，凡事就会顺遂很多

"圆融"是中国智慧的重要特征。纵观古今，最能保全自己、发展自己和成就自己的，无不是圆融之人。古往今来，最能进退有节、纵横捭阖的做事之法便是方圆之道。这是我们一生都要修习的功课，你越早领悟，就越早步入顺畅人生，免去许多障碍与苦难。

水至清则无鱼，人至察则无徒

　　长辈们常常会告诫我们，交朋结友须慎之又慎。正所谓"近朱者赤，近墨者黑"，你结交什么样的人，自己也会不知不觉就变成那样的人。所以，很多人在和人交往的时候，心中其实都有一杆秤，时时评估这个人究竟当不当得起"朋友"二字。

　　这并不奇怪，我们交朋友，自然要交自己欣赏的，与我们志同道合的。比如一个积极向上的人，自然看不上消极混日子的人，更别提和他们交朋友了。但需要注意的是，人无完人，不管多么优秀的人，必定也存在一些缺点，我们在与人交往时，如果不能做到取长补短，而是总盯着别人的缺点和不足，那么这辈子恐怕都交不到朋友。

　　《汉书》上说："水至清则无鱼，人至察则无徒。……明有所不见，听有所不闻，举大德，赦小过，无求备于一人之义也。"意思就是说，太过纯净清澈的水里因为缺乏养分，鱼是无法生存的；太过明察秋毫不懂宽容的人，是不可能找到追随的伙伴的。眼睛再亮，耳朵再灵，也总有看不见、听不到的地方。所以，与人交往的时候，我们要懂得多看大方面的好，原谅小方面的过错，不要求全责备。这才是用人之道，也是我们与人交往时应当学会的道理。

有"天下第一村"之称的华西村很多人都知道，华西村之所以能有这样的发展，其中一个原因就在于其注重现实的用人策略，即用人讲究"不计过去，不怕将来，注重现在"。简单来说，华西村用人从来不追求"完美"，不会因为人过去犯过错而不肯用，也不会因为怕人未来可能会犯错而不敢用。

华西旅游公司副总经理杨永平在到华西村之前是朱蒋巷村的一个无业游民，成天游手好闲，惹是生非，在村里也算是声名狼藉、人嫌狗憎了。18岁那一年，杨永平还因为打架斗殴进了监狱，被判两年有期徒刑。出狱之后，有了这样一个"黑历史"，杨永平就更没法找到正经工作了，每天不是赌博就是打架。

2004年的时候，朱蒋巷村和周遭几个村一起并入了华西村，党委书记吴仁宝把所有像杨永平这样的无业游民都组织到一起，办了一个学习班，除了包吃包住之外，还给每个人都发工资，一个月500元，让他们带薪学习。吴仁宝还告诉这些人，除了白天的学习时间之外，晚上他们想打牌、打麻将都没问题。

这人就是奇怪，以前无所事事的时候，就总是沉迷赌博，现在每月有工资拿，别人还不挡着你去打牌、打麻将的时候，反而觉得这些东西没意思了。至少杨永平就是这样，甚至萌生出了改变人生的想法。

那段时间，或许是感受到了杨永平的变化，吴仁宝先后五次找杨永平谈话，每次都语重心长，鼓励他不要因为曾经做过的事情自暴自弃，总想着混混日子就算了，当然也不能因为一点点的进步就骄傲自满，自吹自擂。

　　虽然嘴上不说，但对于自己的过往，杨永平其实心里是有些自卑的，毕竟有这样的"黑历史"，恐怕正常人都很难不戴着有色眼镜来看待他。可吴仁宝却用广阔的胸襟接纳了他，给了他鼓励和支持，也让他看到了未来的曙光。

　　从培训班毕业之后，杨永平就进入华西旅行社工作，从一名普通的业务员做起，兢兢业业地工作。第一年年终的时候，因为工作出色，杨永平还得到了一辆现代轿车作为奖励，这让他更是备受鼓舞。

　　在杨永平成为旅游公司的副总经理后，其实也有不少人发出质疑，甚至有人直接去问吴仁宝："杨永平这人背景不好，让他做华西村旅行社的副总经理，这样恐怕不合适吧？"

　　听了这话，吴仁宝却没有丝毫犹豫，大手一挥，果断说道："有什么不合适的？这人都是发展变化的，不能老用静止的眼光去看人。我就认为杨永平能干得很好，让他当个旅行社副经理，他一定能胜任，我也放心得很！"

　　如果没有吴仁宝的宽容豁达，杨永平或许永远都不会拥有"改过自新"的机会。而相应的，吴仁宝的宽容豁达，也为自己赢得了杨永平这样一个得力助手，让华西村又能新添一名"猛将"。污点有时并不可怕，只要你肯伸手把它擦去，你会发现，手中握着的，或许是一枚价值连城的美玉。可如果你因惧怕脏污而不肯伸出手去擦拭一下，那么你将永远不知道污点掩盖之下的东西究竟有多少价值。

　　正所谓"人非圣贤孰能无过"，无论是谁，都有犯错的时候，但犯过错，不意味着就一辈子都是坏人。我们在与人交往的时候，如果总是戴着显微镜去看人，容不得别人身上有一丝一毫的脏污或瑕疵，那么我们是永远也无法找到伙伴的。因为在这个世界上，根本就不存在完美的人，即便是再优秀的人，你也总能在他身上找到缺点和不足。况且，哪怕是我们自己，身上其实也总有着大大小小的缺点，也总在人生的道路上犯过错，所以，又何必去苛求别人呢？

《菜根谭》中有这样一句话："持身不可太皎洁，一切污辱垢秽，要茹纳得；与人不可太分明，一切善恶贤愚，要包容得。"意思就是说，做人不能过分地洁身自好，要能适当地容忍别人对你的诽谤中伤；与人交往也不能有等级观念，要能够包容应付各种各样的人。

所以，请记住，"水至清则无鱼，人至察则无徒"，做人固然不应玩世不恭、游戏人生，但也不能太较真、认死理，什么都看不惯。要知道，不管再怎么平整的镜子，放到显微镜之下，都会变成凹凸不平的"山峦"；再怎么干净的东西，拿起显微镜一瞧，都会是满目的细菌。宽容豁达一些，才能让自己活得更潇洒一些。

凡事不做绝，心胸豁达放人一马

在为人处世方面，中国人一直讲求中庸之道，所谓"中庸"，指的就是不偏不倚，折中调和的一种处世态度。简单来讲就是八个字：话不说满，事不做绝。

正所谓"山不转水转""物极必反，否极泰来"，世间的一切都是在发展变化的，今天的好不代表永恒的好，今天的坏也不意味着永远的坏。眼下你可能有权有势，得意非常，但可能在未来的某一天，你就会跌落尘埃、一无所有。世事就是这样，如风云变幻，谁都预测不了、掌控不了。所以，我们做任何事，都要懂得留三分、让三分，今天你心胸豁达放人一马，这份人情或许来日就能回报给你自己。

但凡那些有本事、能做出一番事业的人，都懂得凡事不做绝，时时给自己留后路的道理。比如民国时期上海滩公认的青帮掌门人杜月笙，他的处世信条就是："事不做绝两面光。"

众所周知，民国时期，上海滩的势力纷乱错杂，主要有三大圈子：一是华界圈子；一是法租界圈子；一是以英、美为主的公共租界圈子。这三大势力可以说是各自为政，相对封闭。但唯有第四方——即以杜月笙为首的青帮圈子，能将这三大势力都给串联起来，其信徒更是多达数万，遍布上海滩每一个角落。作为青帮的掌门人，杜月笙在上海滩可以说是呼风唤雨、一言九鼎。但与一般的黑帮老大不同，杜月笙最出名的一点就在于，他"很会做人"。

杜月笙有这样一句名言："人生有三碗面难吃：一是场面，二是钱面，三是人情面。"而这"三碗面"中，"场面""人情面"讲的其实都是做人。

杜月笙虽然是混黑道的，但他很有远见，深知混黑这条路终究是见不得光的，不是长远之道。眼下来看，黑帮虽然有钱有势，但恶名难背，如果不能漂白，那么最终必然只能自取灭亡。所以，在继承黑帮一贯的生意，如卖鸦片、开赌场、设妓院、绑票、收保护费等之外，杜月笙还想着法子地往"红圈子"里头挤。比如他就曾建过一所名为"正始"的中学，免费接收那些贫穷人家的子弟去上学；他还设立了"上海乞丐收容所"，专门接管那些流落街头的乞丐。此外，每每遇到什么自然灾害，杜月笙也必然会出面，除了自己捐款之外，还利用自己的影响力和号召力去组织各界捐款赈灾。可以说，"黑中透红"正是杜月笙最显著的特征。

无论处理什么事，杜月笙都会注意给自己留后路，力求面面俱到，不让任何事情走入死胡同。比如当初张啸林和斧头帮帮主王亚樵之间的矛盾就是靠杜月笙调停的。

在龙蛇混杂的上海滩，除了青帮之外，还有许多大大小小的帮派，斧头帮就是其中之一。斧头帮帮主王亚樵是上海滩出了名的不好惹，有一回，王亚樵和张啸林因为"江安号"货船的归属问题起了纠纷，两个人都想抢这艘货船。张啸林非常生气，一怒之下就跑去找师兄杜月笙告状，打算先警告警告王亚樵，要是他再不识时务，就派人去把他给暗杀掉。

杜月笙一听张啸林的打算，赶紧阻止他，说道："事情不要做绝，要留有余地。不然杀来杀去的，就没有尽头了。"

之后，杜月笙亲自登门拜访了王亚樵，并对他说道："这都是一场误会，是下面的人没弄明白事情。今天，我就把江安号交给王爷了。"

在杜月笙的周旋之下，此事很快平息了下去，双方原本一触即发的矛盾在零伤亡的情况之下得到了完美的解决。虽然这事看上去是杜月笙退了一步，但也因为这事，杜月笙在黑白两道都博得了不少美名。

俗话说："利不可赚尽，福不可享尽，势不可用尽。"这就是告诉我们，不管做什么事，都要学会留有余地，以备不时之需。如果凡事都想赚尽、享尽、用尽，那么就要当心"物极必反"了。就像杜月笙，作为上海滩大名鼎鼎的黑帮掌门人，他之所以能一直屹立不倒，甚至在黑白两道、各个圈子都赢得广泛赞誉，就是因为他懂得这个道理，凡事留余地，时时留后路。

人生无常，不管今天再怎么风光，你也无法预知明天会是个什么光景。俗话说得好，这人无千日好，花无百日红，人生注定不会是一帆风顺的，走过顺风顺水的路，就难免遭遇大大小小的挫折。如果不懂得给自己留余地，留后路，那么一旦遭遇困难与挫折，恐怕就再也没有重新站起来的机会了。

人与人之间其实很多时候都不存在非得"势不两立""你死我活"的利害冲突，很多的大矛盾其实都是由小矛盾、小问题引起的，因为谁都不肯退一步，谁都不肯低头服软，于是小摩擦就变成了大问题，直至把双方都逼得下不了台。

说到底，与人交往其实就像照镜子一样，如果你总是咄咄逼人，说话做事都不肯给别人留余地，那么别人同样也会这样对你，就像针尖对麦芒，最终的结果只能是互相伤害。但如果你能学会用宽容豁达的心态去对待冲突，本着宽厚之心去对待你的竞争对手，即便在占尽上风的时候，也能心胸豁达，放人一马，那么别人同样会以宽容和友好来回报你。

请记住，生活中的很多尴尬说到底都是由我们自己一手造成的，如果能凡事都多些考虑，说话都留点余地，以圆融的方式去对待世界，对待别人，那么我们的人生之路必然能少很多坎坷。留有余地是人生的智慧，也是生活带给我们最宝贵的经验，不为难别人，其实就是不为难自己，让别人活得轻松，便也能让自己活得愉快。

交好而不讨好，做人要随和也要有原则

在生活中，与脾气暴躁、容易生气的人相比，显然那些脾气好、待人随和的人会更容易拥有好人缘。毕竟谁会喜欢成天对着一个有攻击性的人呢？趋利避害是人的一种本能，所以人们自然更喜欢和那些没有攻击性的人相处。

但别忘了，除了趋利避害之外，人还有另一重本能，那就是"得寸进尺"。人与人在交往的时候，都会不自觉地通过一些方式来试探对方的底线，以此来决定以后用什么样的方式继续和对方进行相处。这就是为什么即便是同一个人，在和不同的人交往时，常常也会展现出不同面貌的缘故之一。比如和不爱开玩笑的人相处，我们自然就会尽量不和对方开玩笑；和脾气坏的人相处，我们也会尽可能多地照顾对方的情绪，以免触及对方的雷区；和脾气好的人相处，那我们自然就不会有过多的避讳；和不善于拒绝别人的人相处，那么当我们需要帮助时自然首先想到的就会是他……

所以，其实很多时候，别人怎么对待你，和你展现在对方面前的形象，往往是息息相关的。你待人随和，别人自然愿意靠近你；但如果你"随和"到连底线都守不住，只会一味退让退让再退让，那么别人当然也会毫不客气地一再紧逼，直至让你无路可退。

记得曾看到过这样一个新闻：一名阿富汗的女子被丈夫虐待了长达5年，却一直忍气吞声，直到有一次，喝醉酒的丈夫把她的耳朵和鼻子都给割掉了，邻居听到她发出的惨叫声后才报了警。据说当时，警察破门而入，找到这名女子醉酒的丈夫时，他还在不停地谩骂，说没有把妻子打死已经是自己仁慈了。

那件事之后，这名女子终于和丈夫离了婚。3年之后，有记者再次找到这名女子，她已经移植了一个新的鼻子，耳朵则一直用长发遮盖着。令人难以置信的是，在提及她不幸的婚姻时，这名女子居然说道："他（丈夫）只会在喝醉的时候才打我，平时对我很好。我还是希望能与他复合，我仍然还爱着他。"

何其悲哀呀！这名女子最悲剧之处，并非是遇人不淑，而是她根本不懂"底线"在哪里，不懂原则是什么。如果她永远不能明白这些的话，那么她的婚姻悲剧也只会不停地轮番上演罢了。

与人交往，你可以随和，可以努力去交好，但绝对不能失去原则和底线。你想和对方平等地站在一起，就一定要挺直你的脊梁骨，收起讨好的嘴脸。随和是一种能力、一种素质、一种心态、一种建立在自信基础上的豁达。

卓雅是个脾气温和的女孩，和谁都能相处得来，在公司里人缘一直很好，和她打过交道的客户也都非常喜欢她。凭借着好人缘和优秀的工作能力，卓雅很快就被公司提拔做了部门副经理。

升职之后，卓雅依然还是一副好脾气，对谁都温温和和的，丝毫也没有摆架子，同事们都夸她是"年度最佳好上司"，卓雅听了心里也美滋滋的，更加奉行与人为善的处世方式了。但时间久了，卓雅也发现了一些问题：因为脾气太好，待人太温和，她这个上司在下属面前似乎特别没有威信。

就说有一次，同事小张无故旷工一天，第二天直接拿了张请假条到办公室，告诉卓雅说自己昨天生病所以没来，让卓雅给签字补假条。按照公司规定，不管有任何事，需要请假都是得提前上报的，就算事情紧急来不及写假条，那至少也得提前告诉上司一声，否则都要按无故旷工来算。可小张呢，仗着卓雅脾气好，待人一贯温和，硬是软磨硬泡地让卓雅把假条给签了。

还有一次，同事安安因为工作上的失误，在处理一位客户的订单时，弄错了对方的发货日期，给公司造成了不小的损失，领导非常生气，差点就把安安给炒了，还是卓雅说的情，才保下了安安。其实，安安和卓雅不仅是同事，安安还是卓雅的闺密，两个人大学时候还是住同一宿舍的舍友呢，之后又进了同一家公司，关系自然亲近得很。后来，卓雅把安安叫到了办公室，本来想严肃地和她谈一谈这事，结果没想到，她还没发话呢，安安已经先开口抱怨了一通，说公司领导大惊小怪，谁还没有犯错误的时候……

一系列的问题让卓雅开始怀疑，自己的处事方法是不是存在什么问题。而真正让卓雅彻底爆发的，是一次在分配工作时候发生的事情。那段时间，公司接到一个大项目，需要从卓雅他们部门抽调一部分员工到项目小组帮忙，卓雅接到通知之后，迅速挑选出了几个比较合适的人选，给他们安排新的工作任务。结果，卓雅才把这事一通知下去，好几个人就跳出来提意见了，这个嫌给他安排的活儿太多，那个嫌给他安排的任务和他以往干的事不对口。听着大家你一言我一语地吵吵嚷嚷，卓雅终于发了一次火，谁的面子都没给。

那次之后，卓雅一改往日的作风，只要涉及工作，一切都照章办事，谁都不能通融。当然，工作之余，卓雅依然还是一副春风化雨的模样。一开始，大家背地里对卓雅也是颇有微词，还给她取了不少绰号，什么"阎罗王""铁娘子"之类的。但时间长了，卓雅发现，自己的人缘并没有因此就变差，反而在树立威信之后，工作上的事情也都越来越顺了。

经历了这些之后，卓雅总算是明白了，做人可以脾气好，可以待人随和，但原则问题绝对不能让步。

交好与讨好的区别就在于，前者是态度上的豁达，后者却是原则上的退让与妥协。与前者交往，我们会觉得如沐春风，但并不会产生任何蔑视和轻慢的情绪，因为我们很清楚，随和只是对方的一种态度，一旦触及原则和底线，对方随时会向我们露出獠牙和利爪。但若是与后者交往，那么恐怕很多人都会不自觉就摆出高人一等的态度，毕竟对方都已经主动把自己的腰杆弯入尘埃了，我们又何必非得也"弯下腰"去和他相处呢？

所以，想要和别人建立平等的交往，在拥有好人缘的同时，也得到别人发自内心的尊重，那么你在与人交往时，就一定要记住，可以交好但绝不能讨好，可以随和，但一定得守住原则和底线。你可以收起獠牙与利爪，但绝对不能丢弃它们，因为它们正是你安身立命的根本。

圆融而不圆滑，别太较真也不能太世故

在和别人打交道的时候，我们一直被教导，要学会看人眼色，要知道什么话该说什么话不该说，要懂得在什么样的场合应该说怎样的话……而这些归根结底，其实都是人情世故、为人处世。懂人情世故的人，人缘往往都比较好，因为和这样的人相处起来，既不会觉得疲惫，也不容易陷入尴尬。

懂人情世故，会为人处世，这本就是一种优点。但有的人却对此有所误解，以为懂人情世故就是要看别人脸色行事，会为人处世就是带着虚伪的假面具奉承谄媚。事实上，这样的认知绝对是大错特错。人们喜欢善解人意、情商高的人，绝对不喜欢虚伪圆滑、只会讨好奉承的人。

所以我们常说，为人处世，要学会圆融而不圆滑，别太较真但也不能太世故。圆融是一种处事手段，圆融的人讲求一个外圆内方，对外处事温和灵活，尽量不与人发生正面冲突，但对内却也有坚守的原则与底线，不会因为任何人或任何事而妥协。

记得曾经看到过这样一个笑话：

某公司老板打算找个会计，有四个人前来面试。老板考了他们一个问题：11-1和9+1有什么不同？

听到这个问题，4个人全蒙了，完全不明白老板究竟想干什

么。几分钟之后，第一个人站了出来，自信满满地说道："从统计学意义上来说……从经济学的角度来看……从微分学角度分析的话……"这一大通高深莫测的理论知识抛出来，听得老板连连点头。

第一个人刚讲完，第二个人也赶紧站了出来，毫不含糊地讲了一大通，从数学讲到哲学，甚至还列举了一大堆的实例，听得老板目瞪口呆。

等这两个人发完言，第三个人也赶紧站了出来，不甘示弱地从逻辑推理的角度给所有人上了一堂课，直接惊得老板是瞠目结舌，半天都不知道该说什么了。

只有第四个人，在大家都发完言之后，有些不好意思地小声说了一句："这 $11-1$ 就等于 $9+1$ 呗……结果都一样。"话一说出口，另外三名应聘者都笑了，这回答，毫无疑问是被淘汰的料哇！

结果，没想到的是，最终被老板雇用的，恰恰正是这第四个人。老板给出的理由也非常简单："我就想找个耿直的会计，有一说一、有二说二的那种，显然，他就是我想找的那种人。至于其他几个，实在太会忽悠了，这样的会计我也不敢用啊！"

本是一个简单的问题，前三个应聘者却为了"迎合"老板的口味，而把问题解答得越来越复杂。殊不知，老板真正想要的，却不是什么高深而有内涵的答案，不过是一份直来直往的简单心思罢了。结果弄巧成拙，反倒是给出答案最直白也最简单的第四个人得到了老板的青睐。

可见，很多时候，比起滴水不漏的"表演"来说，那不经意流露出来的本真，实际上更能打动人心。毕竟，相比一个面面俱到，却没有半点"真实"的人来说，人们显然更愿意和那些未必事事周到，但却能让人看得见真心的人相处。

当然了，不管是真实还是真心，都要学会装点和修饰，因为有的实话是不能直接说出来的，它们就如同利剑一样，如果不先套上"剑鞘"就贸然"亮出"，最终的结局可能是伤人害己，得不偿失。需要注意的是，装点与修饰的最终目的，是用一种委婉温和的方式让对方明白"真相"，避免正面冲突，而不是扭曲或掩盖真相。而这也正就是圆融与圆滑的区别所在。

比如，当你的朋友穿着一件极其不衬她的裙子来征求你的意见时，如果你在大庭广众之下直接对她说："你皮肤黑，穿这条裙子实在太难看了，一点也不适合你！"那么，请相信，你们友谊的小船可能马上就要翻在惊涛骇浪里了，毕竟不管你说的话是真是假，谁都不会高兴被人这么当众"打脸"的。

如果你是个圆滑的人，那么为了不得罪你的朋友，你可能会直接"睁眼说瞎话"地吹捧她："呀！你穿这裙子可真好看，特别适合你！"哪怕这条裙子穿在她身上简直难看得要命。毕竟作为一个圆滑的人，于你而言，最重要的并不是你的朋友穿着不合时宜的裙子会不会被人嘲笑，而是你自己会不会因为得罪别人而招致麻烦。不可否认，听到这些"甜言蜜语"，确实会让你的朋友在当下感到非常开心，但这种开心只是短暂而虚假的，因为很快她就会意识到，这条完全不适合她的裙子将会给她带来多少的嘲笑，而她也会在别人的嘲笑声中想起你那时候究竟有多么虚伪。

那么，圆融的人会如何做呢？

她会告诉她的朋友："你眼光很不错，但我认为，还有另一条更适合你，不妨试一试再来做决定吧？"然后她会给她的朋友找来另一条真正适合她的裙子，并说服她放弃那条并不适合她的。最终，她的朋友不会因为被人直接批评"皮肤黑"而恼羞成怒，也不会买下那条不适合她的裙子，皆大欢喜！

真诚是一种美德，但真诚绝不等同于"口无遮拦"。语言是一种非常神奇的东西，同样的一个意思，我们可以用无数种不同的语言方式来进行表达，而在表达的过程中，有时哪怕只是一个语气，一个声调的变化，都可能带给别人截然不同的感受。既然如此，那么我们在向别人揭示"真相"的时候，为什么不试着用温和一点的方式呢？要知道，友好的真诚无论何时总是会比咄咄逼人的尖锐更令人欣赏与喜欢。

我们应该做一个圆融的人，懂得用更容易令人接受的方式去和别人打交道，与此同时，我们也一定要掌握好尺度，守住自己内心的"方正"。可以适当妥协，但绝不能一味退让；可以委婉含蓄，但绝不能篡改真相。圆融而不圆滑，不一味地较真也不完全世故，参透这一点，你的人生一定会顺遂许多。

过刚易折，方圆有致才能赢得好口碑

人应当有原则，懂得有所为有所不为。但同时，人也应当明白"弓过盈则弯，刀过刚则断"的道理，学会以柔克刚，审时度势地坚守原则，而不是不管不顾就向前冲，用坚硬去面对一切的阻力与伤害。

要知道，个人的力量终究是有限的，你不可能永远都战无不胜。坚守方正虽然没有错，但过于刚直，失去为人处世的弹性，就容易得罪人，甚至最终让自己陷入四面楚歌的危险境地。更何况，我们之所以坚守方正，为的是能无愧于心地做人做事，是不论走到哪里都可以不忘初心，而不是让自己变成"刺猬"，非得和大众、和整个世界去对抗。

一个人，如果总是过分沉浸于自己的世界，过分地相信自己，坚持自己所为的"原则"而不懂变通，那么就会很容易伤害到周围的人，甚至将自己孤立起来，让自己陷入"众叛亲离"的地步。所以说，为人处世，一定要学会方圆有致，在坚守内心方正的同时，也要懂得审时度势，保持做人的弹性，否则最终受苦的只会是自己。

张雅是个性格刚强的女孩，为人还有些清高，特别看不得不守规矩的事。比如在食堂看到有人插队，张雅一定会站出来毫不留情地张嘴斥责，把对方骂个狗血淋头；听到朋友在背后说人坏话，张雅也必然会义正词严地教训一番，恨不得给对方上一堂思想教育课；就连在家里，父母长辈们做了什么不妥当的事，张雅也都是从来不留情面，直接出口训斥。

正是因为这样的个性，使得张雅从小到大人缘都不是很好，认识她的人几乎都会给她贴上一个"难相处"的标签。这样的情况在求学期间影响倒也不大，毕竟学习是自己一个人的事情，即便人缘差一些，也不会影响到考试的排名。但毕业进入社会之后，这样的个性却给张雅带来了不少的麻烦。

在学校的时候，张雅也算是个学霸级别的人物，毕业前夕就凭借着优异的成绩成功应聘到一家中外合资的大企业，令人羡慕不已。

起初，刚进入公司的时候，部门经理何女士是非常看重张雅的，甚至有想把她培养成自己接班人的心思。而且何女二还是之前张雅应聘时候的面试官，对她也算得上是有些知遇之恩。张雅当然也很感激且敬佩何女士，把她当成了自己职场路上的一个榜样。

何女士是个很有能力的女强人，在工作上也绝对称得上是位十分优秀的领导。她今年四十出头，没有孩子，和丈夫分居两地。据说她和丈夫感情一直不是太好，两个人当初结婚也主要是在两个家庭的推动之下完成的，如果不是因为丈夫的工作缘故，两个人可能早就已经协议离婚了。而现在，虽然没有正式离婚，但其实何女士和丈夫的婚姻也早就已经名存实亡，丈夫有自己的

"小蜜"，何女士自然也有自己的暧昧对象。

这些私事何女士自然不会到处宣扬，但也不至于躲着避着，因此公司里不免就会有些风言风语。原本张雅一开始是非常敬佩何女士的，和她关系也算不错，但在听说这些事情之后，就对何女士产生了一些想法，觉得何女士这人道德品行有问题。

之前说过，张雅是个比较刚强清高的人，对一个人不喜欢，自然也不会费力去掩饰，因此何女士很快也察觉到了张雅对自己的排斥。虽然何女士一直挺看好这个能力不错的小姑娘，但也不至于上赶着去贴别人的冷脸，因此也渐渐疏远了张雅，不久之后甚至找了个借口，把她下放到了别的部门。

后来没多久，听说张雅因为客户"吃回扣"的事情，和新上司发生了冲突，事情甚至闹到了总公司。再后来，张雅的新上司找了个借口，把一项工程的失误直接扣到张雅头上，把她赶出了公司。

失去人生中的第一份工作之后，张雅又陆陆续续换了好几次工作，但最终都因为这样那样的事而一次次失业。张雅始终想不明白，有的事情，明明是别人品行不佳，是别人出了问题，自己不过就是在努力地坚持原则而已，可为什么每次受伤的都是自己呢？

在我们的生活中，有很多像张雅这样的人，他们清高、倔强，不肯沾染哪怕一点世俗的污秽，总是以刚强的面貌来对抗一切自己看不过眼的"错误"。我们不能说他们的坚守是错的，但很显然，他们坚守的方式却并不明智。要知道，金无足赤、人无完人，无论多么优秀的人，必然都存在缺点和瑕疵。更何况，你自己难道就是完美的吗？你的人生难道从来就不曾犯过错误吗？

内心坚守方正是值得赞许的，但同时，我们也得学会圆融处世，过刚易折，只有做到方圆有致，才能让我们在人际交往中赢得好口碑，建立好人缘。毕竟只要还生活在这个社会里，我们就不可避免地要和人去打交道。不管想做成什么事，我们也都需要借助到别人的力量。如果不会与人相处，我们又如何去得到别人的帮助和配合呢？

违背道义、逢迎权势固然是一种错误，但一味地刚正不阿，不懂得保护、掩饰自己，又何尝不是一种愚蠢呢？如果连自己都保护不了，连为自己在社会上赢得一个立锥之地都做不到，又何谈坚持内心的方正、坚守自己的原则？

一个人如果不懂得圆融处世，那么才华横溢就会变成清高自傲，特立独行就会变成一意孤行。人要懂得审时度势，只有做到外圆内方，我们才能在坚守底线的同时，保护自己，适应社会，并最终获得别人的支持与认可。

适当的退让是为了更有力地前进

在影视作品中，常常能看到这样的情节：

原配发现丈夫出轨之后，大发雷霆找小三对质。原配咄咄逼人，怒斥小三，小三含泪退让，一副饱受欺凌的样子。从客观角度来说，整个事件中，明明原配应该是受害人，是占理的一方，但最终，犯错的丈夫却总是会护住不断退让的柔弱小三，然后恼羞成怒地和咄咄逼人的原配对质，甚至可能倒打一耙，责怪对方"不识大体""睚眦必报"等。

这样的电视剧"套路"纵然吐槽之人无数，但不得不说，在现实生活中，类似的情况却不在少数。人们总是会在第一时间习惯使然地对"弱者"产生同情心，站在"被欺负者"的身边，却容易忽略事件的前因后果，忘记真相中的是非对错。

比如在大街上，当我们看到一个强壮的男人和一个瘦弱的女人发生冲突时，往往会下意识地偏向这个瘦弱的女人，指责那个强壮的男人；当我们看到一个孱弱的老人被健康的年轻人训斥时，往往会下意识地站到老人身边，认为是年轻人欺负了老人；当我们看到两个孩子争执不休，一个怒气冲冲，一个泪水涟涟，往往会下意识地去维护那个泪水涟涟的孩子，批评怒气冲冲的孩子……但事实的真相就一定如我们所看到的那样吗？未必！瘦弱的女人可能是无耻的骗子，孱弱的老人可能正心怀不轨地"碰瓷"，哭泣的孩子可能才是真正犯了错的那个人。但在当下，大多数的人不会去深究事情背后的真相，他们只是凭借着自己的本能做出了冲动的判断，毫无缘由地就站在了"弱者"的一方。

人性就是如此，总会下意识地给予"弱者"更多包容和优待。所以在很多时候，适当的示弱与退让，往往能让你更有力地前进。而咄咄逼人的争取，却恰恰可能激起对方更强烈的抵触，反而让你变得寸步难行。

林爽是个暴脾气，从来受不得一点委屈，每次遇到事情总是咄咄逼人地和人理论，这性格让她从小到大吃过不少亏。

大学毕业后，林爽在父亲安排下进入了自家的化妆品公司上班。一开始，父亲把林爽安排在市场部，给了她一个副经理的职位，但没过多久，林爽这暴脾气就把同事和客户都给得罪光了。虽然有的时候，道理确实在林爽这一边，但因为她总是表现得咄咄逼人，嚣张跋扈，反而让大家觉得她胡搅蛮缠，有理也变得没理了。

为了磨磨女儿的坏脾气，林爽父亲干脆一纸调令，把林爽直接"发配"到了公司旗下的化妆品专柜上去做销售员，让她好好学学如何把顾客当上帝。

带林爽的师傅叫张青，和她年纪差不多大，干销售这行已经3年多了。张青是个脾气很好的人，逢人便带三分笑，哪怕是遇到最不讲道理、最难缠的顾客，张青也能一直保持着让人如沐春风的笑脸，把人哄得服服帖帖。

有一回，专柜刚上班，就来了一个怒气冲冲的顾客，手里拿着一瓶面霜，冲过来重重地往柜上一搁，就叫嚷道："你们这化妆品，伪劣产品吧！你瞧瞧，前两天刚买的，把我这脸都弄成什么样子了？都毁容了！你们说怎么办吧！"

顾客这么一叫嚷，把商场里的人注意力都给吸引了过来，再仔细一瞧，那顾客脸上还真有大片大片的红斑。

一瞧这情况，林爽就生气了，这款面霜可是他们公司的明星产品，都卖了多少年了也没听说过有什么问题。再说了，公司还是他们家开的呢，专柜上卖的货是不是伪劣产品谁还能比她更清楚！这人什么证据都没有就把责任推脱到他们头上，空口白牙乱说话，太不负责了，谁知道她自个儿私底下干了什么才搞成这样的呀！

这么想着，林爽一撸袖子就打算上去和对方理论，结果还没来得及出声，就被张青拉住了。只见张青笑眯眯地迎了上去，关切地对顾客说道："这样吧，我先陪您去医院检查一下好吗？您这情况可别耽误了。您尽管放心，我们一定会对自己的产品负责到底的。其他的事情等检查完了咱再谈，您看成吗？医药费方面我们公司也会承担的。"

张青态度好，对方也不好太过为难，骂骂咧咧地跟她一块去了医院。经过医生诊断之后发现，这位顾客脸上之所以会长红斑，是因为对面霜中所含的某些成分过敏。张青把面霜的使用说明拿给顾客看，上面也确实明确地写明了哪些皮肤不适用这款产品。

真相大白后，顾客的气也消了，张青继续温和地笑着说道："对于这次意外我们深感抱歉，虽然这款面霜不太适合您的肤质，不过我们有另一款产品非常适合您，而且这款产品最近还在做活动。更重要的是，您现在皮肤敏感，不能胡乱使用化妆品，而我们那款面霜是完全纯天然成分，不会刺激皮肤，还能帮助受损肌肤进行修复……"

最后，这位一大早就来骂骂咧咧、看上去脾气特别不好的顾客，跟着张青去了一趟医院之后，又在她的推荐下回到专柜，笑眯眯地买了另一套化妆品离开了。

看着这峰回路转的结局，林爽整个人都惊呆了，崇拜地看着张青感叹道："你这是给她灌了什么迷魂汤啊？母夜叉都能变小天使！"

张青笑着说道："其实很简单哪，正所谓'伸手不打笑脸人'，你态度好了，对方自然也就不好意思太过苛责你。早上她来的时候正在气头上，你跟她理论只会火上浇油，倒不如适当地退让和示弱，以此来缓解对方的怒气。等检查做完了，找到真相，掌握了证据，她的怒气也消散了不少。这个时候我们态度越好，就越容易让对方产生愧疚感，之后我们再向对方提出一些要求的时候，对方自然会给予最大的让步。"

有时，适当的退让，是为了能够更有力地前进。就像跳远，只有先退后几步，让出一段距离来做冲刺，我们才能跳到更远的地方。

　　不是所有的退让都叫怯懦，不是所有的妥协都是放弃。做人要有城府，与人相交要懂技巧，圆融处世，可以让我们避免许多的麻烦与是非。在这个世界上，有许多的悲剧都是因为人与人之间不肯退让而造成的。适当的时候退一步，也许你就会发现另一条能让你走得更远的路。

辑6　借势

——从底层到上层，会借势才能逆向崛起

"好风凭借力，送我上青天"，一个人或一个团体，如果善于借助别人的力量，就可以事半功倍，更快捷地达到目的。相反，仅靠一己才智而不懂得"借势"，就算你真的才高八斗，也很难获得像样的成功。

名人效应：借助名人的光，成就自己的事

对强者的膜拜可以说是动物的一种本能，人也同样逃不过这种本能。因为不论是人还是动物，都希望自己能够变强大，所以他们总是会不自觉地去崇拜、模仿那些强大的人。而所谓的名人，正是各行各业中因为强大而取得瞩目成就，从而备受人们敬仰的人。比如领导人物、机关政要、影视明星、大企业家等。

在人们心中，名人通常都是极具权威性的，甚至他们说出的话、使用的物品，也会被人们不自觉地赋予一些特别的意义，并受到人们的重视。比如人们可能不会去关心一个普通人喜欢喝什么牌子的矿泉水，但如果是一个明星，那么他即便只是喝了一瓶普通的矿泉水，也可能变成一则新闻；再比如人们可能不会在意一个普通小职员的侃侃而谈，但却可能会努力去记住一位领导的几句闲话家常，生怕漏了什么"金科玉律"。

可见，名人的影响力是极其强大的，如果能善用这种影响力，在某些时候学会借借名人的光，来成就自己的事，那么这必然能成为我们在追逐成功的道路上不可小觑的一大助力。在这方面，香港珠宝大王郑裕彤可谓个中好手。

1984年的时候，由于生意发展需要，郑裕彤决定兴建一个规格齐全，有着高现代化水平的会议及展览场所。有了这个想法之

后，郑裕彤很快就付诸行动，论证、筹划、达成协议，一切都在按部就班地进行。

如此大手笔的动作，自然引起了社会各界的关注。但令人不解的是，在一切都准备齐全之后，郑裕彤却迟迟不肯下令动工。没有人知道他究竟在等待什么，资金不是问题，协议也已经签订，看上去明明万事俱备，却不知郑裕彤到底在等哪股"东风"。

就在社会各界人士都议论纷纷、猜疑不定的时候，谜底终于揭晓了——郑裕彤所宣布的动工日期，恰好是英国女王来访的那一天！

众所周知，在香港，英国女王来访可不是一件寻常的小事。更重要的是，这一次的来访时间，还是在中国与英国就香港1997年7月的回归问题达成协议之后，这就非常值得人们关注了。在这种种因素的作用下，可想而知，这一次女王的来访，必然会成为举世瞩目的新闻热点。

很多人都不能理解，为什么郑裕彤偏偏要选择这一天动工，毕竟有了"女王来访"这个强劲的"对手"，郑裕彤公司的奠基仪式根本不可能博得任何版面呀！到时候，英国女王一来，政府官员都去迎接，新闻记者都去采访，全香港的焦点都集中在女王的身上，还有谁会去在意那么一块尚未开发的地方呢？

不少担心郑裕彤的朋友都私底下劝说他改个日子，让他别和女王唱对台戏，可郑裕彤却只是笑而不答，对外界的种种传言和揣测也都置若罔闻，只专心致志地督促下属加紧做奠基仪式的准备工作。

到了那一天，郑裕彤再次给了众人一个巨大的惊喜——英国女王伊丽莎白二世居然出现在了郑裕彤公司的奠基仪式上！原来，早在得知英国女王将要来访的消息后，郑裕彤就迅速通过交际公关，邀请到了女王来参加自己的奠基仪式，为的就是能借借女王的"光"，让这场奠基仪式更加成功，更加盛大。

就这样，女王亲自为该中心铲下了第一锹土，来自全世界的新闻媒体都纷纷用手中的摄像机或照相机记录下了这个令人激动的时刻，与此同时，全世界的电视观众、广播听众以及报刊读者们也都在关注"女王访港"消息的同时，知道了即将动工的香港国际会议展览中心，当然，还有郑裕彤这个名字。

可以说，郑裕彤这手牌打得真是极好！按照一般人的逻辑，在遇到"女王访港"这种重大消息的时候，通常都是考虑避其锋芒，尽量不要让自己的事情和这种热点新闻"撞车"，以免被抢了风头。可郑裕彤却偏偏反其道而行，不仅不避让，反而还要铆足了劲儿地迎上去、凑上去，将热点和自己捆绑起来，光明正大地借女王的光来宣传自己。

最终，事实证明，郑裕彤的策略确实很成功，如果没有英国女王这个名人的加持，那么郑裕彤的奠基仪式无论如何也不可能成为一条举世瞩目的新闻，不可能如此顺利地被来自世界各地的人所知道并注意到。这就是"名人效应"的影响。

在日常生活中，名人效应的影子其实随处可见，它已经渗透到我们生活中的方方面面，并产生了深远的影响。比如名人代言广告可以刺激消费，名人出席慈善活动就能带动全社会去关怀弱者，名人的穿着打扮往往能够引领当季潮流等，这些其实都是名人效应所带来的影响。

那么，我们究竟该怎样做，才能巧妙地借助名人的"光"来成就自己的事呢？不妨试试以下的办法。

巧借名人。在交谈中，不经意地提及一些身份较高的名人，往往能让你在众人眼里显得不同寻常。比如很多店铺的店主都会在自己的店里挂出与明星或政要的合影，这其实就是一种"借光"，借名人的"名"来让别人对他刮目相看。

巧借名言。有机会的话不妨请名人们给你留下一些"墨宝"，比如邀请社会名流来为你题词，或请专家教授来帮你作序，再或者请明星为你签名等。这些墨宝也是你的助力之一，无形中就仿佛拉近了你与名人之间的距离一样。

与名人合作。想要借名人的光，最直接有效的方式无异于直接与名人展开合作，你出钱出力，名人则付出自己的声望，这样优势互补的合作对于双方而言显然是双赢的，而且必定能达成一加一大于二的效果，吸引更多人的关注。

热点效应：借助一个热点，让自己成为热点

这个世界上有很多才华横溢的人，但未必每一个都能获得相应的荣誉；这个世界上有很多充满着迫切与希冀的诉求，但未必每一个都能收到相应的反馈；这个世界上有很多动人心弦的故事，但未必每一个都能被人们所知道……

没办法，这个世界上的人太多了，诉求太多了，故事也太多了，就像在一片汪洋大海之中，你不可能注意到每一枚沉睡在海底的漂亮贝壳，而如果连注意到的机会都没有，那枚贝壳即便再美、再稀有，又与你有什么干系呢？我们每个人其实就像这些贝壳一样，散落在广阔的海洋里，不管多么漂亮或是多么与众不同，想要得到回馈，想要得到承认，首先要做的，就是能引起别人的注意。只有引起别人的注意，获得足够多的关注，我们的才华、我们的诉求、我们的故事才可能实现其相应的价值，也才可能获得我们所期待的回馈。

想要赢得关注，就得想办法让自己成为热点，但这对于大多数人来说，并不是一件容易的事。你想成为热点，要么就得到雄厚的资本支持，要么就得掌握一定的权力，要么本身就必须声名远扬。资本可以帮你炒作，权力本身就是一种权威的体现，声名远扬就更不用说了，那本身就是热点。可问题是，不管哪一个条

件，对于绝大部分的普通人而言，都是可望而不可即的。

那么，对于我们这样普普通通的人来说，想要赢得关注，到底该怎么办呢？其实答案很简单，无法成为热点，那我们可以"蹭热点"哪！想办法和热点扯上关系，借助热点的影响力来帮助自己获得关注，然后再一步步把自己打造成热点。

在互联网上，"蹭热点"是一种非常常见的宣传手段。经常上网的人只要留心一定会发现，每每有什么热点事件爆出之后，随即都会跟风出来一堆的"小尾巴"，打着擦边球和该热点事件攀扯关系。

比如苹果公司的发布会。众所周知，苹果公司的知名度是非常大的，并且拥有一批庞大的忠实"粉丝"，所以苹果的发布会早已经不是一个单纯的商业活动了，它早已成为互联网上能够引起广泛关注的一大热点。只要苹果公司一开发布会，那绝对是一场全民关注的大新闻。因此，每次苹果的发布会一结束，我们都能看到不少品牌蜂拥而至来"抱大腿"。

以iPhone7的发布会为例。当时在发布会上，iPhone7展现了一个新添加的功能——双摄像头。事实上，这并非苹果公司的首创，在iPhone7之前，华为手机就已经推出了这项功能。

当然，华为方面反应也不慢，苹果发布会一出，华为就立马发了条微博：#华为P9#欢迎苹果加入双摄家族。一方面借助iPhone7发布会的热点来增加自家公司产品的曝光量；一方面巧妙地提醒众人，自己公司在双摄像头技术方面才是领先人物，以此来强化品牌优势。

如果说华为"蹭热点"还算是有理有据，那么珍爱网就纯粹是为了借势而来的了。我们知道，珍爱网是一个大型的相亲网站，和电子产品没有任何关系，但在iPhone7发布会后，它也立马就发了一条微博：#iphone7#连爱疯摄像头都脱单了，你……

我们蹭热点，主要目的是为了得到尽可能多的关注，因为只有先得到关注，我们才有机会发出自己的声音，展示自己的内涵，从而实现自己的价值。这其实就像贷款买房一样，不贷款，你可能要存10年甚至20年的钱，才能买下一个属于自己的房子。但通过贷款，你可以先买下房子，住进去，然后再花10年或者20年的时间去还这笔贷款。借助热点来博得关注，这其实就像是通往成功道路上的一小段捷径，可以帮助我们缩短路程，让我们更快地接近成功。

纽约小子阿尔伯特从小就梦想要成为大企业家，所以在大学毕业之后，他没有去找工作，而是直接向银行贷了一笔款项，开办了一家小日用品加工厂，开始了他的创业之路。虽然阿尔伯特很努力，但市场竞争实在太激烈了，几年下来，他的事业始终没有得到很好的发展。

就在这个时候，纽约发生了一个大新闻——一个名叫费伊的未成年少年因盗窃公共财物而被警察抓住，由于年龄太小不符合处罚条例，于是警察便象征性地给了少年一顿鞭打来作为惩戒。

原本这只是一件很平常的事，但在媒体披露之后，该事件却在纽约引起了轩然大波。有的人认为，警察用这种残酷的刑罚来对付一位少年，实在太不人道了；也有人认为，青少年犯罪率之所以日益增高，就是因为在人权的掩盖下，青少年犯罪始终得不到应有的惩戒。双方各执一词，争辩得十分激烈，最后甚至引起了全美国的广泛关注。

这一热点事件让阿尔伯特灵光一闪：如果开发一批带有警示性标语的日用品，趁此机会投放到市场里，是不是能得到那些支持对犯罪少年进行惩戒的人的青睐呢？

有了想法之后，阿尔伯特很快就付诸了行动，他请人设计了一个藤条刑具的图案，印在T恤、茶杯以及书包上，并加上了一条广告语：没有藤条，便会惯坏孩子！

正如阿尔伯特所预料的一般，这批带有藤条刑具图案的产品一投入市场之后就引起了广泛关注，非常畅销，许多父母都争相购买这些产品来送给自己的孩子，以警示他们学会约束自己的行为，不要走上犯罪道路。

最终，凭借着这一次成功的"蹭热点"营销，阿尔伯特的事业得到了突破性的进展，走出了低谷。

如果没有这一热点事件的加持，阿尔伯特推出的藤条刑具图案系列产品必然不可能这样畅销。这一产品的成功，有很大一部分原因在于这个图案背后所代表的意义，而这一重意义之所以能引起广泛的关注，则完全是因为之前发生的热点事件。这就是"热点"的力量，想要赢得成功，就要懂得借助热点，然后把自己变成一个热点。

没有能力买鞋子时，不妨先借别人的

一位企业家说过：这个社会上，一切都是可以靠借的，无论是资金、技术还是人才，但凡是有用的东西，我们都可以借过来，充分利用，从而赢取自己的福利。

社会上的资源和机会都是有限的，你想要在争抢中获胜，除了一点点运气外，还得拥有比对手更强的能力、更雄厚的资本。这就是为什么有钱的人总会越来越有钱，穷的人则会越来越穷。

作为一个"穷"人，如果不懂得借助别人的资源，事事只靠自己，是很难出头的。要知道，追逐成功的道路上，讲究的是狭路相逢强者胜，没有足够的资本支持，哪怕有再多的奇思妙想，也只能是空想。

一个年轻人，一直梦想着成为亿万富翁，但始终没有找到合适的机会。有一天，他正在街上转悠的时候，突然发现整个繁华的优林斯商业区居然仅仅只有一家旅馆。这个年轻人想：要是他能在这里建一家高级旅馆，生意一定会很好！

有了这个想法，年轻人立刻着手调查，他隐约感觉到，这或许是自己一直在寻找和等待的"机会"。经过认真研究，年轻人看中了位于达拉斯商业区大街拐角处的一块土地，这块土地的所有者是一位名叫老德米克的地产开发商。

年轻人很快联系到老德米克，得知年轻人对这块土地感兴趣后，老德米克直接开出30万美元的价钱，表示愿意将土地卖给年轻人。不过很显然，年轻人根本没有能力拿出这笔巨款。

虽然没钱，但年轻人并没有打算放弃自己的计划，他很快请来专业的建筑设计师和房产评估师，让他们给他的"旅馆"进行测算，看看完成这个伟大的计划究竟需要多少资金。最终，他们给出一个天文数字——至少100万美元。

要知道，年轻人哪怕把所有资产都拿出来，恐怕还凑不到10万美元，连土地都买不起，更别说什么建造旅馆了，该怎么办呢？

年轻人很快再次找到老德米克，对他说："先生，我之所以想买这块地，是因为想在这里建造一座高档的大型旅馆，但现在，我所有的资产大概只够建造一个非常一般的旅馆。所以，我现在不想买这块地了，希望能够租借它。"

听了这话，老德米克有些不高兴，但没明确表示拒绝。年轻人继续对他说道："如果你愿意把这块地租给我的话，租期100年，分期付款，每年我愿意支付3万美元，而你可以保留土地所有权。假如我无法按期付款，你完全有权收回土地以及建造在这里的旅馆。"

听完这话，老德米克顿时乐了，这世上居然还有这么好的事情？要是按照这个条件出租，100年的租借费用就是300万美元，而且自己还能保有土地的所有权，甚至还有可能把旅馆收入囊中，怎么想都是天上掉馅儿饼的好事！于是很快，这笔交易就谈成了，年轻人只用了3万美元，就顺利得到这块土地的使用权。

顺利拿下土地之后，没过多久，年轻人又找到老德米克，并告诉他说："我想把土地拿到银行做抵押进行贷款，希望您能同意。"老德米克显然并不愿意，但没办法，土地使用权已经在年轻人的手里了！于是，年轻人利用这块土地，顺利从银行得到30万美元的贷款。之后，他又找到一个土地开发商，并说服对方和他一起开发这个旅馆。

1924年5月，这座年轻人梦想中的旅馆在资金依旧紧紧巴巴的情况下开工了，但建设到一半的时候，由于资金全部用光，建了一半的旅馆不得不暂时停工。此时，年轻人再次找到老德米克，如实告知了自己在资金方面的困难，并表示希望老德米克能出资帮助他将这座旅馆建设完成。年轻人对老德米克说道："只要旅馆建设完成，您就可以拥有它。不过，我希望您能将这座旅馆租赁给我经营，我每年所付给您的租金绝对不会低于10万美元。"

到了这个时候，其实，不管年轻人提出的条件够不够吸引人，老德米克都已经无法拒绝，毕竟如果他不答应的话，他之前所付出的钱恐怕一分也收不回来。更何况，年轻人提出的条件确实很吸引人，土地是自己的，旅馆也是自己的，每年还能拿到一大笔租金，怎么想都非常划算。

1925年8月4日，这间命途多舛的旅馆终于正式建成开业，年轻人的人生由此开始步入辉煌。这家旅馆就是以年轻人的名字命名的，即举世闻名的"希尔顿"。

　　我们周围，不少人有这样的观念：虽然有创业或投资的想法，但拥有的资本实在太少，还是攒两年再考虑吧。毕竟用自己的钱投资或创业，哪怕输了，也不会欠别人的。于是，攒来攒去，发现存款永远涨不过物价，一辈子存下的钱都不够圆一个创业梦。

　　试想，假如年轻的希尔顿也有这样的观念，想要完全靠自己的力量创业，他的"希尔顿"还有实现的可能吗？哪怕不吃不喝，日以继夜地工作、赚钱，他恐怕也拿不出100万美元建造自己梦想的旅馆吧！

　　"没有能力买鞋子时，不妨先借别人的，这样比赤脚走得快。"这是每一位成功者都明白的道理。就连牛顿都说过："我的成功只是因为站在了巨人的肩膀上。"

　　不要害怕负债，更不要担忧欠人情，人与人之间的往来，正是建立在一次次的你来我往和利益交换之上的。今天你可以借助别人的资源赢取自己的福利，等你积累了足够的资本，明天同样可以用自己的资源帮助别人争取福利。爬上"巨人"的肩膀，你才能距离成功更近。

顺势而为：既不因循守旧，也不贸然激进

电视剧里，我们常常听到这样一句话：识时务者为俊杰。这句话的意思是说，只有那些能够认清时代潮流、懂得顺应事情发展趋势的聪明人，才有机会成为英雄豪杰。

有人可能会觉得，"识时务"不就是一种懦弱认怂的表现吗？这种想法其实是偏颇的。有时明知不可为而为之，确实是一种勇气，但更多时候，我们需要的是"留得青山在，不愁没柴烧"的"识时务"。不管做什么事，只有做成了，收获一定的影响力，这件事才有价值、有意义。如果连一点水花都激不起就走向失败，我们为之付出的努力或做出的牺牲，就没有意义了。在大势面前，人的力量是这样渺小，如若认不清时势，一意孤行，无异于蚍蜉撼大树。

所以，不管做什么事情，想要成功，就得学会顺势而为，既不能因循守旧，也不应贸然激进。时代在发展中前进，守旧者终将被社会抛弃，那些贸然激进的人，哪怕行走的方向正确，终究会因不被世俗理解而失败。只有认清时代潮流、懂得顺势而为的人，才能在千军万马中突围而出，为自己杀出一条成功之路。

许连捷出生于福建省的一个贫寒之家，小时候家里穷，住房狭小，他不得不和几个兄弟挤着一块睡祠堂，甚至是猪圈。都说

穷人的孩子早当家，许连捷就是个很早就学会当家赚钱的孩子。年纪还很小的时候，许连捷就在村里倒卖鸡蛋。后来到十几岁，他干的事就更多了：骑自行车倒卖过蔬菜、拉过客人，用牛车、驴车拉过石头，后来条件好一些，换上马车、拖拉机以及二手汽车。

因为从小就懂得打算，许连捷很快就积攒了一定的积蓄，并于1979年用这笔积蓄投资，开办了一家小型服装厂。

许连捷很聪明，最难能可贵的是他还很有自知之明。经营服装厂的过程中，他很快就意识到尽管目前服装厂似乎很赚钱，但自己的审美能力不行，恐怕很难有所发展。于是，他开始着手寻找新的机会。

1984年冬天，许连捷手下一个名叫杨荣春的技术员给他带来一个巨大的商机。那天，杨荣春手里拿着一叠来自香港的卫生巾生产设备说明书，兴冲冲地敲开许连捷家的门。看完介绍之后，许连捷差点激动地惊叫起来：天上要下大钱了！

那天送走杨荣春之后，许连捷彻夜未眠，一直在思索这件事：自己到底是继续经营目前看似如日中天的服装厂，还是冒险转型生产前景无限的卫生巾呢？这是一个困难的抉择，是许连捷职业生涯中一个非常重要的拐点，甚至可能直接决定他的命运。最终，许连捷选择后者，一个令许多女同胞无比熟悉的名字就此诞生——"恒安"。

在当时，闭关自守多年的中国，无论是消费观念还是消费水平都十分落后，"恒安"卫生巾刚刚出现在市场上的时候，在不少人眼中是一种"奢侈品"，很少有人买得起。而且，即便买得起的人提及它也是感觉很害羞，买的时候都要遮遮掩掩。那时候，甚至有人嘲笑许连捷，说他放弃红红火火的服装厂，去做那种令人难以启齿的卫生巾，绝对是脑子有毛病！

虽然反对、嘲笑的声音很多，但许连捷坚信，随着改革开放的到来，不需要很长时间，中国人就会富起来，人们的消费观念和消费水平也会不断改变，向国际看齐，那时候，谁还会拒绝明明更好、更方便的产品呢？作为商家，想要赚大钱，就得有前瞻性，敢于拿出魄力去赌，只有先人一步，才能更快占有市场。

果然，不到两年时间，"恒安"就火遍大江南北，订单如雪片般飞来，订货的商家大排长龙，"恒安"成为当时国内最大的妇女卫生巾生产企业。当初那些嘲笑的声音，在许连捷的成功面前，全都成了笑话。

许连捷的成功关键在于两点：一是识势；二是顺势。

当时，他已经拥有一家赚钱的服装厂，但并未因此耽于安逸，而是敏锐地发现自己在服装行业的短板，开始寻找新的商机。不得不说，许连捷很有前瞻性，在发现新产品卫生巾之后，立刻就意识到其中潜藏的巨大商机，并预见到未来市场的发展趋势，顺势而为，果断转行，缔造了"恒安"的辉煌。

假如许连捷是个因循守旧的人，把自己的思维局限在某个框架里，不敢创新，不敢突破，可以想象，当时的他绝对不可能转行做"卫生巾"这种新兴产品的。如果许连捷一直固守服装厂，随着服装行业的市场竞争越来越激烈，他在服装审美方面的短板必然会让他逐渐失去竞争力。所以，无论做人还是做事，都要有前瞻性，懂得把握时代潮流，不要因循守旧，把自己局限在思维和认知的困境中。

当然，贸然激进同样不可取。你想要在一个时代立足，必须顺应这个时代的发展趋势。即便走在前面，也只能走在这个时代的前方。过分激进往往可能让我们脱离这个时代，一旦如此，哪怕我们最终选择的方向是对的，也很难得到理解与认同，从而走向失败。

所以请记住，想要成功，就得学会顺势而为，将时势当作推动我们前行的助力，而不是阻挡我们迈步的阻力。不因循守旧，不贸然激进，识时务，顺时势，这才是成功的真正秘诀。

双赢策略：借的最高境界，就是让双方都获利

　　宇宙中的万物都是相伴而生，大雁借助风力而飞翔，藤蔓依靠树木而攀援，树木攫取土地、阳光和水分，月亮以反射太阳的光辉而散发光芒。我们生存在这个社会上同样如此，懂得善假于物，借势谋利，才能事半功倍，创造成功的人生。

　　"借"之一字，说起来容易，但做起来未必简单。你想借别人的资源，借别人的势，但对方未必愿意借给你。毕竟在这个世界上，没有谁是天生就喜欢不求回报地为别人付出的。你想要从对方手中得到什么，就要学会付出什么，只有保持"等价交换"，人与人之间的关系才能长久。可以说，借的最高境界，就是让双方都获利，达成双赢，对方自然心甘情愿地把资源"借"出去。

　　老陈退休后回老家开了个度假村，依山傍水，景色非常不错。度假村走的是农家乐路线，生意非常红火，每到周末都有不少附近城市的人过来放松。

　　随着旅客日益增多，老陈发现，度假村里供旅客休闲活动的项目和空间有些不够，便有心想把度假村后面的山地开发利用起来。但要开发这么大一片地方可不容易，光是种植树木就得花费不少资金，可怎么办才好？

就在老陈苦恼不已的时候，小孙子学校组织的一次植树活动让他想到一条妙计。很快，老陈就让员工在度假村里张贴出一张海报，海报上写着："亲爱的旅客朋友，您好！本度假村后山有一片土地，环境宜人，宽阔幽静，如有兴趣，每位旅客都能在那里亲手栽种一棵树，度假村将会派出专人为您拍照留念，并在树旁立牌，写下您的尊姓大名和种植树木的时间，或根据您的个人意愿进行留言。该项活动，只收取树苗费用每棵200元。"

海报贴出之后，许多旅客非常感兴趣，尤其是那些相约而来的情侣或夫妻，以及结伴旅游的青年学生，他们都希望能留下些什么作为纪念。能够亲手栽种一棵树，并留下只言片语，这对他们来说，无疑是一种非常有趣、非常特别的纪念方式。

于是没过多久，那片让老陈头疼不已的空地就植满小树，他不仅没有花费任何人力、物力，甚至还从中小小地赚了一笔。更重要的是，那些亲手栽种了纪念树的旅客，几乎都成为度假村的常客，时不时便要来看看自己亲手种下的小树苗。

老陈"借力"的手段确实高明。明明是他打算开发度假村后的空地，需要借助外力帮助自己完成这个目标，但经过巧妙的包装宣传，老陈成功地将"借力"过程营销成一项休闲娱乐活动，不仅让旅客心甘情愿地掏钱购买树苗，还让他们心甘情愿地"出借"劳动力把树植下。最终，老陈如愿以偿，用最小的代价实现开发空地的目标；至于旅客，同样也很满意，在"借力"的过程中享受到别样的乐趣——双方都得到自己想要的东西。

很多时候，付出与得到未必就一定是单项的过程，只要运行得当，付出的同时，同样能够有所收获。比如，蒙牛酸酸乳和湖南卫视《超级女声》之间的合作，就是一个非常成功的借势谋利案例。

众所周知，2005年，"超女"可谓红遍大江南北。事实上，早在2004年，《超级女声》就已经进入人们的视野，只是它并没有引起人们的关注。一直到2005年，蒙牛介入之后，随着铺天盖地的宣传，"超女"才真正火起来。在这一年的时间里，蒙牛以大约2000万元的赞助让一个名为"蒙牛酸酸乳"的酸奶新品成功搭乘《超级女声》的势头，迅速风靡全国，大红大紫，销量从7亿元飞速蹿升到25亿元，缔造了一个令人震惊的营销奇迹。

因为有蒙牛的资金支持，"超女"火了，所带来的品牌效应则让蒙牛大赚特赚。双方都得到了自己想要的东西，达成双赢。

无独有偶，2008年，王老吉在汶川大地震后捐款1亿元，随后借助新闻宣传和网络推广，成功通过这件事件从市场中获得巨大收益。那时候，"要捐就捐1个亿，要喝就喝王老吉"的口号在许多贴吧和博客中铺天盖地地传唱，影响效果远比在电视媒体上投放广告大得多。可见，有时候，只要转变一下思维，付出就会有效果。

当我们想要向别人借势的时候，不妨试着转换一下思路，不是想着如何说服对方"付出"，而是想想如何能让对方在"借出"的过程中收获"得到"。要知道，大多数人或许不一定会乐意"借出"自己拥有的资源，但绝大多数人想必都不会拒绝"得到"。

就像老陈策划的"种树活动"，如果他直接向旅客发出请求，希望他们能够出钱出力帮忙开发空地，必然会被一口回绝，毕竟谁会乐意为一个不相干的人费钱费力呢？但经过他的包装和宣传，把这件事情变成一项休闲娱乐活动之后，不用他开口，就有不少旅客自动上门送钱又送力。

所以，双赢是借的最高境界，双方都能获利，都能得到，不管借什么，自然能水到渠成。

"借"以致用：既要敢"借"，更要会用

在《金钱问题》一书中，小仲马说过："商业，这是十分简单的事，它就是借用别人的资金来赚钱。"如果你研究过那些白手起家的富一代的创业史，一定会发现，他们中鲜少有人会完全依靠自己的积蓄来创业，大部分富一代的第一桶金往往是通过借贷实现的。

其实，不仅仅是商业，在其他领域同样如此，那些能够取得成功的人，除了自身拥有的才华外，通常会有贵人相助。这些"贵人"提供的助力，往往是决定他们命运的关键所在。

一位科学家，无论拥有多么聪明的头脑，如果没有足够的资金支持他的研究，他的聪明才智只能白白浪费；一位演员，无论演技多么精湛，如果没有一个好的剧本、好的角色来让他发挥，他的表演才华永远没有机会施展出来。所以，想要成功，我们就得爬到"巨人"的肩膀上站着，"借"以致用，让别人的资源成为我们的资本，从而赢得自己的福利，这才是通往成功最便捷的道路。

作为一名金融家，赫兹实在过于保守。他讨厌负债，所以不管做什么，都试图控制在自己现有的能力范围之内。当然，这样的习惯帮助他规避了不少风险，但与此同时，过于保守的作风却

大大限制了他和公司的发展壮大。

经济萧条前夕，赫兹在公司提出一项新计划，打算投资兴建高档商务楼。但那个时候，公司刚刚偿还了一笔银行贷款，根本不可能抽调出足够的资金支持这项计划。当时，会计总管向赫兹提议，可以以9.75%的利息到银行申请1亿美元的贷款来支持这个项目。结果被赫兹一口回绝，并坚决地表示：亨利公司永远不会借钱做事的！

幸运的是，赫兹的谨慎战略让亨利公司在经济大萧条中躲过一劫，免遭灭顶之灾。但与此同时，过分的保守和谨慎也限制了亨利公司的发展，让它在很长一段时间里难进寸步，始终未能挤入大公司的行列。

后来，为了寻求突破，赫兹对公司进行一些调整。他支出一个代理点和同行进行合作，然后将公司的经营全权交由助手克拉斯负责。长久的停滞不前让赫兹感觉到了危机。为了让公司得到发展，他已经决定放手一搏，所以才有了这样一些安排。

不得不说，克拉斯的行事风格与赫兹截然不同。他一上任就彻底颠覆赫兹往日的作风，在迅速为公司制定好前进的方向之后，更是大胆"举债"，将公司资本中原本不到2%的长期债务猛增到资本的18%。这一举措让全公司上下都大为吃惊，毕竟在此之前，赫兹曾不止一次地表示自己对借款和负债的厌恶与抵触。

得到大笔资金之后，克拉斯将这些资金全部投入与同行合作开拓的项目，并大胆地投资了以色列影片公司。他甚至向众人表示，只要看准了有什么可以做的项目都可以在公司提出来，不用担心增加公司的债务负担。

除了十足的勇气和冒险精神外，克拉斯的工作能力也不容小觑。在做赫兹助手期间，克拉斯就已经积累了不少实践经验。此外，在经营方面，他也有所钻研，这一切都让他完全可以很好地掌控并利用贷款做资金运转，将亨利公司从经营困境中一点点解救出来。

在克拉斯大刀阔斧的改革下，亨利公司的利润逐渐增长，短短几年就创下上亿美元的收益。

在我们周围，不少人其实都和赫兹有一样的观念：不愿意负债。这其实很正常，负债对我们来说，本身就是一种压力，毕竟借来的东西归根结底还是别人的，借了便有要还的时候。用自己的资本做事业，输了也是自己一个人的事，但如果靠借别人的资源做事业，输了就不仅仅只是自己的事情了。很显然，负债会让我们面临更大的风险，背负更多的责任。

当然，如果你所拥有的资本已经足够支撑你想要做的事业，自然不需要背负债务，毕竟无债一身轻。事实上，绝大多数拥有创业理想的人，往往都不具备足够支撑自己完成理想、做成事业的资本，又该怎么办呢？

在我们周围，像这样拥有事业理想，却因没有足够资本支持而选择无奈放弃的人不在少数。他们因为缺乏资本而庸庸碌碌，可能时常会怨天尤人，将自己的失败归结为命运的捉弄。实际上，他们的失败与命运又有何干系呢？要知道，这个世界上不乏白手起家的成功者，他们曾经同样一无所有，没有资本支持，甚至可能过着更苦难和拮据的生活。这是因为他们深谙一个道理，那就是"借"以致用。

任何成功都伴随着风险，就像投资，收益越高，往往风险越大。要想获得成功，就得有背负风险与责任的觉悟。成功的道路上，原始资本非常重要，它决定了你的起点，同时也决定了你的付出能有多少回报。

原始资本越少，你的起点就越低，付出所能达成的效果就越小，相应，所得到的回报也就越少。反之，原始资本越高，你的起点就越高，付出的努力所能达成的效果也就越强，能得到的回报自然也就越多。换言之，当你做同样一件事情，付出同样的努力时，你所能得到的回报与原始资本是成正比的。好比买股票，你投入1万元，股票价值翻一倍，你就能收获1万元；假如你投入的是100万，股票价值翻一倍，所收获的就是100万。

所以，想要成功就不能惧怕风险，你得敢"借"，才能让自己拥有足够的原始资本。有了资本的支持，你还得会用，让每一分资本都发挥出最大效用，又何愁不会成功呢？